工业机器人工程导论

主编　任岳华　曹玉华
参编　李　林　冯国苓　钟小华　肖成军

机械工业出版社

要想使工业机器人大量地进入工业生产，需要得到各种工业机器人应用技术的支持。由于工业机器人的应用范围十分广泛，几乎无所不及，因此其涉及的应用技术也多种多样。

本书主要介绍工业机器人本体和工业机器人的应用系统，引用了大量的工程实例，这些实例都是在实际中得到成功运用的。通过这些实例来介绍工业机器人在不同的应用场合所需要的技术。这些技术涉及工业机器人本体的设计制造技术、制造本体的材料、控制技术、感知元件、视觉技术、机器人手爪及末端执行机构、周边设备等。

本书主要作为大学本科新生的专业导论教材，同时也可作为工业机器人工程技术人员的入门参考书籍。

图书在版编目（CIP）数据

工业机器人工程导论/任岳华，曹玉华主编. —北京：机械工业出版社，2018.8（2024.8 重印）

ISBN 978-7-111-60103-6

Ⅰ.①工⋯　Ⅱ.①任⋯ ②曹⋯　Ⅲ.①工业机器人　Ⅳ.①TP242.2

中国版本图书馆 CIP 数据核字（2018）第 160985 号

机械工业出版社　（北京市百万庄大街 22 号　邮政编码 100037）
策划编辑：王晓洁　责任编辑：王晓洁　张丹丹　责任校对：刘雅娜
封面设计：马精明　责任印制：郜　敏
北京富资园科技发展有限公司印刷
2024 年 8 月第 1 版第 6 次印刷
184mm×260mm · 12.5 印张 · 340 千字
标准书号：ISBN 978-7-111-60103-6
定价：39.80 元

凡购本书，如有缺页、倒页、脱页，由本社发行部调换

电话服务　　　　　　　　　网络服务
服务咨询热线：010-88379833　　机工官网：www.cmpbook.com
读者购书热线：010-88379649　　机工官博：weibo.com/cmp1952
　　　　　　　　　　　　　　教育服务网：www.cmpedu.com
封面无防伪标均为盗版　　金书网：www.golden-book.com

前言

国务院于 2015 年 5 月正式印发《中国制造 2025》，"智能工厂""智能生产""智能物流"将助中国由制造大国向制造强国迈进。工业机器人将大规模进入工业生产，助力中国装备制造、汽车制造、电子产品制造、食品生产、产品物流等行业进入智能生产，最终实现大规模无人生产。

为了适应新时期的要求，各工科类高校纷纷设立机器人工程专业，为社会培养具有工业机器人工程应用知识的新一代专业人才。

当前有很多有关工业机器人的教科书出版，但纵览群书后发现，尚缺少能全面概述各种类型的工业机器人及各种工业机器人工程应用的教科书，缺少能全面系统地以实际案例为背景介绍工业机器人应用的教科书和参考书。为此，我们组织了教学一线的教师和企业一线工程技术人员编写了本书，以满足广大师生和工程技术人员的需求。

本书主要介绍了各种类型的工业机器人，以及当前社会生产中得到广泛应用、成功应用或具有应用前景的工业机器人应用系统。学完本书后，学生应对工程机器人及工业机器人应用系统有一个全面的了解，为今后的专业学习打下基础，或能明确进行深入学习及自修的方向。

本书共分 8 个项目，项目 1 介绍了工业机器人的发展史、工业机器人的分类；项目 2 介绍了工业机器人本体及组成工业机器人的关键部件；项目 3 介绍了机器人控制系统；项目 4 介绍了工业机器人感知系统，以及各种感知元件和激光一维扫描、激光二维扫描、激光三维扫描的检测与导航技术；项目 5 介绍了工业机器人手爪，主要是码垛手爪和装箱手爪；项目 6 介绍了天轨、地轨装置以及 AGV 输送小车；项目 7 介绍了工业机器人周边辅助设备；项目 8 介绍了各种工业机器人应用系统，这是本书的重点部分。

本书的编者为广东白云学院的教师。

主编任岳华曾在工业机器人智能工程企业担任技术主管，主持并参与了大量的机器人应用工程的设计与实施，为本书提供了主要素材，并负责项目 8 的编写。本书大量引用的案例和图样均来源于实际工程的取材，这也是本书的一大特色。

主编曹玉华为工学博士、教授，是本书的编写导师，为本书的架构及专业审核做了大量的工作，并参与了本书项目 5、项目 6 部分内容的编写。

编者李林老师负责项目 1、项目 5 的编写；冯国苓教授负责项目 7 的编写；钟小华老师负责项目 3、项目 4 的编写；肖成军老师负责项目 2、项目 6 的编写。

本书中引用的实际案例的技术资料及图样等大都为编者所设计；书中引用了发那科机器人、库卡机器人公开的技术资料和图片；在介绍机器视觉技术时引用了韩九强教授主编的《机器视觉技术及应用》的有关内容。

由于本书应用了大量案例，具有工程设计与实施的参考价值，所以本书不仅可作为大学本科机器人工程专业的基础教材，也可作为专业人员的参考书使用。

由于编者的水平有限，书中难免存在不妥和错误之处，敬请批评指正，不胜感谢。

编　者

目录

项目1

工业机器人的发展史及分类

1.1 概　述

国际标准化组织（International Organization for Standardization，ISO）给机器人的定义是"一种可以反复编程和多功能的，用来搬运材料、零件和工具的操作机；或者为了执行不同的任务而具有可改变的和可编程动作的专门系统"（a reprogrammable and multifunctional manipulator，devised for the transport of materials，parts，tools or specialized systems，with varied and programmed movements，with the aim of carring out varied tasks）。

日本工业机器人协会（JIRA）的定义是：工业机器人是一种装备有记忆装置和末端执行器，能够转动并通过自动完成各种移动来代替人类劳动的通用机器。

我国蒋新松院士把机器人定义为"一种拟人功能的机械电子装置"（a mechantronic device to imitate some human functions）。

当前，机器人家族种类繁多，如工业机器人、农业机器人、医用机器人、服务机器人、空间机器人、水下机器人、军用机器人等。本书只介绍用于工厂自动化生产的工业机器人。

总结各种说法，工业机器人可以按以下来定义：

1）工业机器人的应用场合只是用来代替人工作的工业生产的场合。

2）工业机器人的动作机构具有类似于人或其他生物体某些器官（如肢体、感官等）的功能。

3）工业机器人具有通用性、多样性，是柔性加工的主要组成部分。

4）工业机器人具有不同程度的智能，如记忆、感知、学习功能等。

5）工业机器人具有完整的机器人自主控制系统，在运行中可以不依赖于人的干预而独立运行。

1.2　工业机器人的发展历程以及在我国的发展现状

1.2.1　工业机器人的发展历程

20世纪40年代，由于核工业和军事工业的发展，人们研制了"遥控操纵器"，主要用于放射性材料的生产和处理过程。

1954年美国人 George C. Devol 开发出世界上第一台电子可编程序机器人装置。

1959年，英格伯格和德沃尔联手制造出第一台工业机器人。第一代工业机器人属于示教再现型，这种机器人外形有点像坦克炮塔，基座上有一个大机械臂，大臂可绕轴在基座上转动，大臂上又伸出一个小机械臂，它相对大臂可以伸出或缩回。小臂末端有一个手腕，可绕小臂转动，进行俯仰和侧摇。手腕前端是手，即操作器。这个机器人的功能和人手臂功能相似。

1962 年美国研制出第一台真正意义上的工业机器人，并成立了 Unimation 公司，开始定型生产名为 Unimate 的工业机器人（见图 1-1）。

1965 年，MIT 的 Roborts 演示了第一个具有视觉传感器的、能识别与定位简单积木的机器人系统。

图 1-1　世界第一台真正意义上的工业机器人

1970 年，美国召开了第一届国际工业机器人学术会议。

1978 年，美国 Unimation 公司推出通用工业机器人 PUMA，这标志着工业机器人技术已经完全成熟，PUMA 至今仍然工作在工厂第一线。

20 世纪 80 年代，机器人在发达国家的工业中得到大量普及应用，如焊接、涂装、搬运、装配，并向各个领域拓展，如航天、水下、排险、核工业等，机器人的感知技术得到相应的发展，产生第二代机器人。

20 世纪 90 年代，机器人技术在发达国家应用更为广泛，如军用、医疗、服务、娱乐等领域，并开始向智能型（第三代）机器人发展。

机器人技术经历了 40 多年的发展，形成了新学科——机器人学（Robotics）。

1.2.2　国外工业机器人的发展

自从第一台工业机器人在 20 世纪 60 年代诞生以来，就未停下其发展的脚步，相继出现了许多品牌的工业机器人（见图 1-2～图 1-5）。

图 1-2　库卡机器人（德国）⊖　　图 1-3　ABB 机器人（瑞典）　　图 1-4　OTC 机器人（日本，专长焊接）

1.2.3　国产工业机器人的发展

1985 年，工业发达国家已开始大量应用和普及工业机器人，我国在"七五"国家科技攻关计划中将工业机器人列入了发展计划。1986 年，我国再一次将智能机器人列入高技术研究发展计划，成立了专家组，列入 863 计划。

沈阳新松机器人自动化股份有限公司是我国第一个由国家 863 计划资助的工业机器人研

⊖　库卡于 2017 年被中国家电企业美的集团收购。

发企业。

1991 年我国诞生了第一台实用型工业焊接机器人"昆山 1
号"（见图 1-6），由昆山华恒焊接股份有限公司研制。

为了促进国产机器人的产业化，在 20 世纪 90 年代末期，我
国建立了九个机器人产业化基地和七个科研基地，包括沈阳自动
化研究所的新松机器人自动化股份有限公司、哈尔滨工业大学的
博实机器人技术有限公司、北京机械工业自动化研究所的机器人
开发中心等。产业化基地的建设带来了产业化的希望，为发展我
国机器人产业奠定了基础。

图 1-5　菲博若机器
人（德国）

1. 国产工业机器人的生产条件已经基本成熟

图 1-7 所示是苏州绿的谐波传动科技有限公司生产的谐波减
速器，图 1-8 所示是成都卡诺普自动化控制技术有限公司研发的
工业机器人控制器，图 1-9 所示是宁波中大力德智能传动股份有限公司生产的 RV 减速器，图
1-10 所示是上海儒竞电子科技有限公司生产的交流伺服电动机。这些构成工业机器人的主要
单元。

图 1-6　"昆山 1 号"

图 1-7　绿的谐波减速器
（苏州）

图 1-8　卡诺普工业机器人
控制器（成都）

图 1-9　中大力德 RV 减速器（宁波）

图 1-10　儒竞交流伺服电动机（上海）

2. 国产工业机器人生产情况

据中华人民共和国工业和信息化部统计，2016 年全年国产工业机器人的产量已经达到了

7.24 万台,同比增长了 34.3%。2017 年 1~4 月,我国工业机器人的产量是 35073 台,同比增长 51.7%,增长幅度很大。但总体来看,我国机器人特别是工业机器人仍然以中低端为主,六轴及以上的多关节机器人占有率比较低。

3. 国产工业机器人

近年来,我国生产工业机器人的企业大量涌现。图 1-11~图 1-20 所示为国产工业机器人的部分图例。

图 1-11　新松机器人
（沈阳）

图 1-12　广州数控
机器人（广州）

图 1-13　欢颜机器人
（上海）

图 1-14　铁犀机器人
（东莞）

图 1-15　启帆机器人
（广州）

图 1-16　沃迪机器人
（上海）

图 1-17　治丞机器人（平湖）

图 1-18　一诺机器人（深圳）

图1-19 鑫泰机器人（聊城）

图1-20 图灵机器人（郑州）

1.3 工业机器人的分类及其特点

本书只讲述工业机器人的两种分类方法，以便于在设计开发、应用选型时区别对待、正确选择。

（1）按运动形式的坐标系进行分类 理论设计时，不同运动坐标系的运动学方程是不同的。在实际使用控制中，为了方便进行精确定位计算，机器人在世界坐标系、用户坐标系（工件坐标系），不断地来回交换进行计算，其计算过程与其运动构成的坐标系有极大的关系。这种分类是为了便于理论设计和控制程序设计。按运动形式的坐标系，工业机器人可分为以下几种：

1）直线机器人。

2）圆柱坐标系机器人。

3）极坐标系机器人。

4）并联机构机器人（蜘蛛机器人）。

极坐标可分为球面极坐标和关节坐标。球面极坐标运动的驱动较难实现；关节坐标运动是单一关节在一个平面内做回转运动，多个关节运动串联构成极坐标运动形式，其运动效果与球面极坐标运动效果相同。而关节运动容易实现，我们研究机器人的极坐标运动只考虑关节型极坐标系，简称关节坐标系。

并联机构运动是极坐标运动的一种复合形式。并联机构一般有三个以上的固定支点，每个支点所在的机构运动都是极坐标运动，各个支点的运动目标都是同一个目标，所以称为并联机构运动。其运动学方程是相互约束的复合形式，其运动精度是复合相弥补的结果，因此并联机构的运动精度高于其他运动坐标系的运动精度。并联机构的并联关节越多，精度越高。其他坐标系做串联运动的精度是叠加的，关节越多，精度越差，所以又称其他坐标系的运动机构为串联机构。

（2）按用途不同进行分类 同一用途的情况，可以采用不同运动坐标系的机器人来实现，如注塑机取件，可以采用直线机器人实现，也可采用关节坐标机器人实现。同一种运动坐标系的机器人可以实现不同的用途。如焊接和喷涂都可采用关节坐标机器人来实现；但是一般焊接机器人不可用于喷涂，同样，喷涂机器人不可用于焊接。这是因为焊接机器人设计制造时进行了抗电流冲击处理，喷涂机器人设计制造时进行了密封防爆处理，如果混用将会造成危险。这种分类是为了便于在不同应用场合对机器人进行选型。按用途不同，工业机器人可分为以下几种：

1）焊接机器人。

2）喷涂机器人。

3）搬运机器人。

4）分拣机器人。

1.3.1 机器人的坐标系描述及运动命名原则

本节依据 GB/T 16977—2005/ISO 9787：1999 的规定进行编写。

描述一个工业机器人的（肢体）末端即腕部及手爪的空间位置和姿态，需要六个自由度。所以一个在空间位置及姿态完全可控的机器人称为六自由度机器人。

1．坐标系描述

为了方便地描述工业机器人的坐标系和和自由度的关系，介绍四种坐标系，即绝对坐标系（见图 1-21）、机座坐标系（见图 1-22、图 1-23）、机械接口坐标系和工具坐标系。

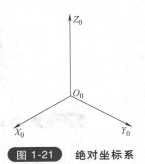

图 1-21　绝对坐标系

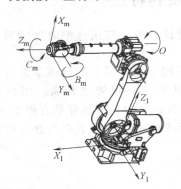

图 1-22　关节机器人机座坐标系描述

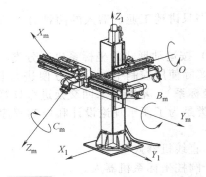

图 1-23　直线机器人机座坐标系描述

1）绝对坐标系与机器人运动无关，是以地面为参照系的坐标系（见图 1-21）。

符号标记：O_0—X_0—Y_0—Z_0

2）机座坐标系是出厂规定的以机器人安装平面为参照系的坐标系，用于机器人运动设计（见图 1-22）。

符号标记：O_1—X_1—Y_1—Z_1

3）机械接口坐标系是以机器人腕部接口为参照系的坐标系，用于机器人腕部位置及姿态的运动设计。

符号标记：O_m—X_m—Y_m—Z_m

4）工具坐标系是以安装在机器人腕部的末端执行器（手爪）为参照系的坐标系，有时称为用户坐标系，用于执行器的运动设计。

符号标记：O_t—X_t—Y_t—Z_t

右手坐标系确定各轴的方向，（见图 1-24）。

关节坐标系用于描述大多数运动轴为回转轴的机器人的运动关系，如图 1-25～图 1-27 所示，在工业机器人领域应用很广。

2．命名原则

1）垂直方向的运动轴，命名为 Z 轴，又名竖轴。

2）水平方向的运动顺序为第一的运动轴，命名为 X 轴，又名横轴。

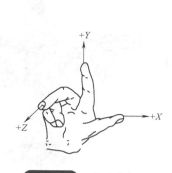

图 1-24　右手坐标系

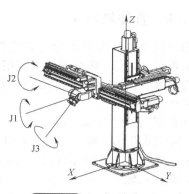

图 1-25　直线机器人
关节坐标系描述

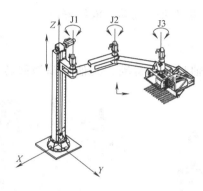

图 1-26　圆柱机器人关节
坐标系描述

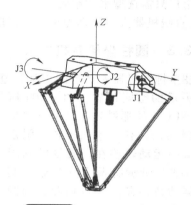

图 1-27　并联机器人关节
坐标系描述

3）水平方向的运动顺序为第二的运动轴，命名为 Y 轴，又名纵轴。

4）带动整个腕部回转的轴，命名为 O 轴，又名腕部回转轴，与机械接口坐标轴不重叠。

5）垂直于腕部轴线带动腕部回转的轴，命名为 B_m 轴，又名腕部轴线垂直面回转轴，与机械接口坐标重叠。

6）直接带动腕部安装端面同轴旋转的轴，命名为 C_m 轴，又名腕部端平面回转轴，与机械接口坐标重叠。

7）由回转轴参与决定工业机器人末端执行器空间位置及姿态的情况，对于串联机构机器人，处于第一顺序位置的回转轴叫 J1 轴，处于第二顺序位置的回转轴叫 J2 轴，依此类推有 J3、J4 等。它适合于关节机器人、圆柱坐标机器人等。其他的由回转运动决定末端执行机构空间位置的部分参照命名。

8）以图 1-28（关节机器人关节坐标系描述）为例，将 J1 轴习惯称为机座或机身，将 J2 轴习惯称为大臂，将 J3 轴习惯称为小臂，J6 所在的机构则叫腕部。

9）对于由回转运动组成的并联机器人，有串联机构的运动部分依第 7）条命名，并联部分确定其中之一后以右手原则顺序依次命名，其中的直线运动轴依照 1）、2）、3）条进行命名。

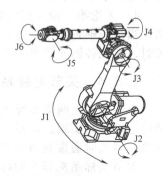

图 1-28　关节机器人
关节坐标系描述

1.3.2 直线机器人

直角坐标系机器人习惯称为直线机器人（见图 1-29）。在注塑机取件、冲床[⊖]进给料等方面用得最多。由于设计与制造较为容易，所以很多需要自动化机械装置完成工作的场合，采用直线机器人。

图 1-29　直线机器人

直线机器人的特点如下：

1）其空间位置的确定，都是采用直线运动方式。可以是一轴——确定一维方向的运动，两轴——确定二维平面方向的运动，三轴——确定空间三维方向的运动。

2）驱动腕部手爪姿态的运动依然采用回转运动。

3）作为手臂的直线运动单元，很多厂商已经做成了通用件，用户只需选型采购组装。

4）直线机器人的驱动力可以是伺服电动机、普通电动机、气动、液压等。

1.3.3 圆柱坐标系机器人

圆柱坐标系机器人（见图 1-30）连接机座的第一轴是直线运动，其他各轴为回转轴，共同决定手爪的空间位置。图 1-30a 所示为 FANUC（发那科）生产的圆柱坐标系机器人，只有一个回转轴，限定了其末端的运动轨迹在回转轴的圆周上。图 1-30b 所示有两个回转轴，其末端的运动轨迹在两回转轴确定的圆面积的任意一点上。

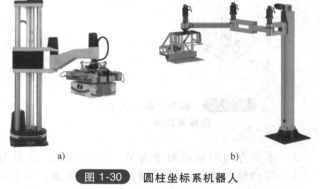

a)　　　　　　　　　b)

图 1-30　圆柱坐标系机器人

圆柱坐标系机器人的特点如下：

1）连接机座的第一轴为直线运动轴，通常垂直安装，也有水平安装的情况。

2）连接机座的第一轴垂直安装时，用于垂直运动尺度较大的情况，如码垛等。

3）连接机座的第一轴水平安装时，用于需要做大跨度水平运动工位之间的工件传递。有时将这种水平安装的第一轴做成天轨或地轨。

4）无论第一轴垂直安装或水平安装，其他决定空间位置的各轴都平行于第一轴做回转运动。当第一轴垂直安装时，其他轴在一个水平面内做回转运动；第一轴上下移动到另一个位置时，其他各轴又在另一个水平面做回转运动。

1.3.4 关节坐标系机器人

真正意义上的极坐标机器人应该是球关节驱动机器人，但是机械结构较难实现。而关节轴的运动容易实现，串联三组关节轴的运动就能完全实现球关节的运动结果，因此研究极坐标机器人时通常是指关节坐标系机器人（见图 1-31 和图 1-32）。

关节坐标系机器人的特点如下：

⊖　标准术语为"压力机"，本书因习惯叫法仍采用"冲床"。

图 1-31 关节坐标系
机器人（ABB）

图 1-32 平行机构关节
坐标系机器人（库卡）

1）末端执行机构（即手爪）的空间位置和姿态的确定都由回转运动实现。

2）决定空间位置的关节轴第一回转轴即机座回转轴是垂直放置的，做回转运动。

3）除第一轴外，其他关节回转轴都是水平放置的，其他关节回转轴的运动在一个立面内进行；只有当机座回转轴转一个角度后，其他关节回转轴的运动才在另一个立面内进行。

4）具有平行机构的（见 2.4.2 平行机构搬运机器人本体结构）关节坐标系机器人，其手爪的姿态控制只有一个自由度，即水平面回转。

5）具有六自由度的机器人大都是关节机器人，因为在需要具有六个自由度时，关节机器人是最易实现的，而且体积最小，易于制造。

1.3.5 并联机构机器人（蜘蛛机器人）

末端执行机构的空间位置由两个以上的运动并联共同确定时，称为并联机构，而安装末端执行机构的端面必须由三点确定，所以并联机构都是由三个以上的并联运动实现的，又称蜘蛛机器人（见图 1-33）。

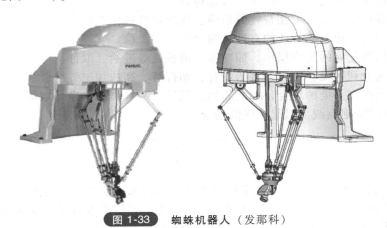

图 1-33 蜘蛛机器人（发那科）

并联机构机器人的特点如下：

1）并联机构在完成一个组合动作时即可同时确定末端执行器的空间位置和姿态，但一般并联运动所确定的平面是平行于地面的，所以末端执行器的姿态需要变换时，还是由三个旋转轴来确定。

2）并联机构通常的活动范围小于直线机器人和关节机器人。

3）由于运动是多个机构并联运动的结果，所以定位精度要高于串联机构机器人。

4）虽然要由多个机构并联共同确定末端的运动，但每个机构只需做一个动作；而串联机构则需多个关节的运动合成才能完成，因此，运动的节拍要比串联机构快，一般要快过 2 倍以上。

1.4 工业机器人应用场合

工业机器人应用最广泛的领域是汽车及汽车零部件制造业。

2004 年德国制造业中，每 1 万名工人中拥有工业机器人的数量为 162 台，而在汽车制造业中，每 1 万名工人中拥有工业机器人的数量则为 1140 台。意大利的这一数值更能说明问题，2004 年意大利制造业中，每 1 万名工人中拥有工业机器人的数量为 123 台，而在汽车制造业中，每 1 万名工人中拥有工业机器人的数量则高达 1600 台。

目前，除汽车及汽车零部件制造业外，工业机器人已出现在机械加工行业、电子电气行业、橡胶及塑料工业、食品工业、木材与家具制造业等领域中。在工业生产中，弧焊机器人、点焊机器人、分拣机器人、装配机器人、涂装机器人及搬运机器人等工业机器人都已被大量采用。

2005 年，亚洲电子电气行业对工业机器人的需求仅次于汽车及汽车零部件制造业，其占所有行业总需求的比例为 31%；而在欧洲，橡胶及塑料工业对工业机器人的需求则远超过电子电气行业而排名第二位；美洲汽车及汽车零部件制造业对工业机器人的需求遥遥领先，金属制品业（包括机械）、橡胶及塑料工业以及电子电气行业对工业机器人的需求比例相当，均在 7%左右。

工业机器人应用在以下场合：

1）汽车及汽车零件制造的焊接、涂装、装配场合。

2）装备制造业的焊接、涂装场合。

3）有辐射、高热的场合，如铸造、注塑机取件等。

4）重复、重体力的场合，如码垛、搬运场合。

5）电子制造行业等人工不能替代的精确、快速定位的作业场合。

6）化工、塑料、橡胶等行业的有毒、粉尘污染的工位。

7）有肢体伤害危险的工位操作，如冲床、剪板机等进给、取件。

8）避免工人受到污染、飞溅伤害的场合，如打磨、高速加工等场合。

9）防止人工操作污染的场合，如食品加工现场、半导体高洁净环境等。

10）质量控制关键点或易引起失误的场合。

习　　题

1. 列举你所能想到的工业机器人应用场合（包括将来可能的应用范围）。

2. 简述工业机器人与泛指机器人（如下棋机器人、护理机器人等）的区别。

3. 列出你所能搜索到的当前工业机器人在我国生产领域的应用（包括本书所举的例子）。

4. 随着机器人在工业生产中的普及，你认为工业机器人按专业分类还应该增加哪些？

5. 同属一个坐标系分类的工业机器人在不同的专用场合能通用吗？请举例说明能通用的情况和不能通用的情况（需阅读项目 8 有关机器人专业应用系统的内容）。

6. 为什么工业机器人采用两种分类方式？

项目2

工业机器人本体的关键部件与构成

2.1 概　　述

随着几个关键部件全部实现国产化，并且从质量和品种赶上国外先进水平，制约我国工业机器人发展的瓶颈已经消失，我国工业机器人将如国产电视机、高铁、核电等产业一样，突飞猛进的时代已经到来。采用集成化生产的机器人制造将变得容易，如手机的生产一样，技术门槛将变得较低，有条件的企业都能生产工业机器人。

2.2　工业机器人的关键部件

2.2.1　伺服电动机

伺服电动机是工业机器人的主要驱动力，是工业机器人的最关键部件。有了它，工业机器人才得以实现精确定位、精确变速、精确给定力矩。工业机器人大都采用交流伺服同步电动机。

自从德国 Mannesmann 的 Rexroth 公司的 Indramat 分部在 1978 年汉诺威贸易博览会上正式推出 MAC 永磁交流伺服电动机和驱动系统，这标志着新一代交流伺服技术已进入实用化阶段。

1. 伺服电动机的种类

伺服电动机分为交流伺服电动机和直流伺服电动机。

交流伺服电动机分为同步电动机和异步电动机，目前运动控制中一般都用同步电动机，它的功率范围大，可以做到很大的功率。同步电动机大惯量使用时转动速度随着功率增大而降低，因而适合用于低速平稳的运行。

交流伺服电动机分为带制动和不带制动两种。制动是通 DC 24V 直流电工作的，称为电磁制动。

带制动的交流伺服电动机在起动前，释放制动；伺服电动机停机后锁住制动。这个提前量和滞后量的时间是可以进行设定的，一般默认为 10ms。

一般断电为制动，通电为释放。

直流伺服电动机分为有刷电动机和无刷电动机。有刷电动机成本低，结构简单，起动转矩大，调速范围宽，控制容易，需要经常换电刷，易于产生电磁辐射干扰，影响周边工作环境，因此它一般用于低成本要求的普通场合。

无刷电动机体积小，重量轻，出力大，响应快，速度快，惯量小，转动平滑，力矩稳定，其电子换向方式灵活，可以方波换向或正弦波换向。但控制复杂，由于没有电刷，所以无刷电动机基本无需维护，且运行温度低，电磁辐射小，寿命长，适合各种环境。

2. 伺服电动机的工作原理

伺服电动机内部的转子是永磁铁，驱动器控制的 U/V/W 三相电形成电磁场，转子在此磁场的作用下转动，同时电动机自带的编码器反馈信号给驱动器，驱动器根据反馈值与目标值进行比较，调整转子转动的角度。伺服电动机的精度取决于编码器的精度（分辨率）。当信号电压为零时无自转现象，转速随着转矩的增加而匀速下降。

3. 伺服电动机使工业机器人实现精确定位、精确恒速、恒定力矩

伺服电动机必须与伺服驱动器组合使用，不能单独使用。伺服电动机的尾部都装有编码器，伺服电动机的每一点移动都被记录并记忆，与伺服驱动器构成一个闭环系统。控制器给出的每一个脉冲都被忠实地执行，调整转子转动的角度，多退少补。正因为有以上特性，伺服驱动的机器人得以实现精确定位。定位精度可以达到 0.001mm（见图 2-1）。

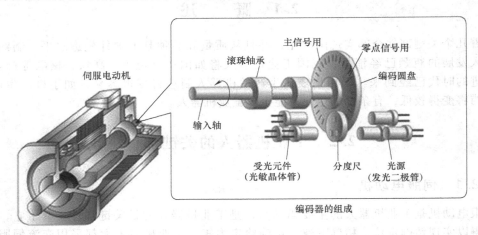

图 2-1　伺服电动机的编码器结构

交流伺服电动机的转子通常做成笼型，如图 2-2 所示。但为了使伺服电动机具有较宽的调速范围、线性的机械特性，无"自转"现象和快速响应的性能，它与普通电动机相比，应具有转子电阻大和转动惯量小这两个特点。目前应用较多的转子结构有两种形式：一种是采用高电阻率的导电材料做成的高电阻率导条的笼型转子，为了减小转子的转动惯量，转子做得细长；另一种是采用铝合金制成的空心杯形转子，杯壁很薄，仅 0.2～0.3mm，为了减小磁路的磁阻，要在空心杯形转子内放置固定的内定子。空心杯形转子的转动惯量很小，反应迅速，而且运转平稳，因此被广泛采用。

图 2-2　伺服电动机的内部结构

伺服控制器每秒钟发出脉冲的速度，反映出伺服电动机转动的速度；只要能够稳定地发出脉冲频率，伺服电动机就能匀速地运转，从而驱动机器人匀速地移动，实现精确恒速。

将伺服电动机设为转矩模式，伺服电动机将输出恒定的力矩。控制伺服电动机的输入电流就能实现控制伺服电动机的输出力矩，可以通过伺服驱动器的设置来实现。

4. 伺服电动机控制信号传输方式的发展

（1）第一代伺服驱动信号及编码器信号反馈传输方式

| 伺服电动机运动控制器 | —线缆传输 运动脉冲信号→ | 伺服电动机驱动器 | —驱动脉冲信号→ 线缆传输 编码器反馈信号 | 伺服电动机 |

（2）第二代伺服驱动信号及编码器信号反馈传输方式

| 伺服电动机运动控制器 | —线缆传输 运动脉冲信号→ | 伺服电动机驱动器 | —驱动脉冲信号→ 光纤传输 编码器反馈信号 | 伺服电动机 |

（3）第三代伺服驱动信号及编码器信号反馈传输方式（见图 2-3、图 2-4）

| 伺服电动机运动控制器 | —以太网传输 报文指令→ | 根据报文指令 产生脉冲信号 伺服电动机驱动器 | —驱动脉冲信号→ 光纤传输 编码器反馈信号 | 伺服电动机 |

从以上信号回路看出，伺服电动机的控制发展到第三代方式，具有很强的抗干扰能力与远程控制能力，即伺服控制器可以设置在远程。

国外大多数品牌的工业机器人的信号回路已使用第二代方式，个别品牌已开始使用第三代信号传输方式。而我国的国产工业机器人大多数还处于第一代信号传输方式。

西门子报文通信如图 2-3 和图 2-4 所示。

PZD1	ZSW1	p2051[0]=2089[0]=p2080[0...15]
PZD2	POS_ZSW1	p2051[1]=2089[3]=p2083[0...15]
PZD3	POS_ZSW2	p2051[2]=2089[4]=p2084[0...15]
PZD4	ZSW2	p2051[3]=2089[1]=p2081[0...15]
PZD5	MELDW	p2051[4]=2089[2]=p2082[0...15]
PZD6	XIST_A	p2061[5]=r2521
PZD7		
PZD8	NIST_B	p2061[7]=r0063[0]
PZD9		
PZD10	FAULT_CODE	p2051[9]=r2131
PZD11	WARN_CODE	p2051[10]=r2132
PZD12	Free Connected	自由连接

图 2-3 复杂的西门子伺服控制的报文结构

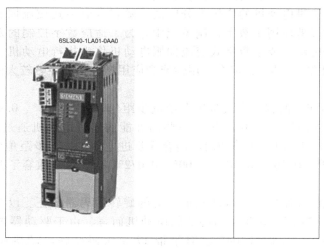

图 2-4 西门子报文控制功能的 CU310-2PN 控制
驱动单元采用以太网通信使用 IP 通信协议

5. 伺服电动机的连接（见图 2-5）

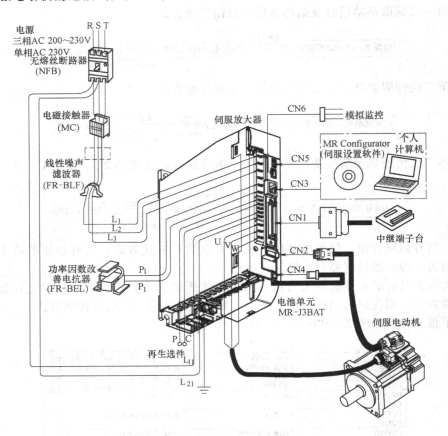

电源
三相AC 200~230V
单相AC 230V
无熔丝断路器
(NFB)

电磁接触器
(MC)

线性噪声
滤波器
(FR-BLF)

功率因数改
善电抗器
(FR-BEL)

再生选件

伺服放大器

CN6 —— 模拟监控

MR Configurator
(伺服设置软件)　个人计算机

CN5

CN3

CN1 —— 中继端子台

CN2

CN4

电池单元
MR-J3BAT

伺服电动机

图 2-5　三菱 MR-J3 系列伺服电动机的接线示意图

6. 伺服电动机与步进电动机的区别

步进电动机作为一种开环控制系统，和现代数字控制技术有着本质的联系。在目前国内的数字控制系统中，步进电动机的应用十分广泛。随着全数字式交流伺服系统的出现，交流伺服电动机也越来越多地应用于数字控制系统中。为了适应数字控制的发展趋势，运动控制系统中大多采用步进电动机或全数字式交流伺服电动机作为执行电动机。虽然两者在控制方式上相似（脉冲串和方向信号），但在使用性能和应用场合上存在着较大的差异。现就二者的使用性能做个比较。

（1）控制精度不同　两相混合式步进电动机步距角一般为 1.8°、0.9°，五相混合式步进电动机步距角一般为 0.72°、0.36°。也有一些高性能的步进电动机通过细分后步距角更小。如三洋公司（SANYO DENKI）生产的两相混合式步进电动机，其步距角可通过拨码开关设置为 1.8°、0.9°、0.72°、0.36°、0.18°、0.09°、0.072°、0.036°，兼容了两相和五相混合式步进电动机的步距角。

交流伺服电动机的控制精度由电动机轴后端的旋转编码器保证。以三洋全数字式交流伺服电动机为例，对于带标准 2000 线编码器的电动机而言，由于驱动器内部采用了四倍频技术，其脉冲当量为 $360°/8000 = 0.045°$。对于带 17 位编码器的电动机而言，驱动器每接收 131072 个脉冲，电动机转一圈，即其脉冲当量为 $360°/131072 = 0.0027466°$，是步距角为 1.8°的步进电动机的脉冲当量的 1/655。

（2）低频特性不同　步进电动机在低速时易出现低频振动现象。振动频率与负载情况和驱动器性能有关，一般认为振动频率为电动机空载起跳频率的1/2。这种由步进电动机的工作原理所决定的低频振动现象对于机器的正常运转非常不利。当步进电动机工作在低速时，一般应采用阻尼技术来克服低频振动现象，比如在电动机上加阻尼器，或在驱动器上采用细分技术等。交流伺服电动机运转非常平稳，即使在低速时也不会出现振动现象。交流伺服系统具有共振抑制功能，可涵盖机械的刚性不足，并且系统内部具有频率解析机能（FFT），可检测出机械的共振点，便于系统调整。

（3）矩频特性不同　步进电动机的输出力矩随转速升高而下降，且在较高转速时会急剧下降，所以其最高工作转速一般为300~600r/min。交流伺服电动机为恒力矩输出，即在其额定转速（一般为2000r/min或3000r/min）以内，都能输出额定转矩，在额定转速以上为恒功率输出。

（4）过载能力不同　步进电动机一般不具有过载能力，交流伺服电动机具有较强的过载能力。以松下交流伺服系统为例，它具有速度过载和转矩过载能力。其最大转矩为额定转矩的三倍，可用于克服惯性负载在起动瞬间的惯性力矩。步进电动机因为没有这种过载能力，在选型时为了克服这种惯性力矩，往往需要选取较大转矩的电动机，而机器在正常工作期间又不需要那么大的转矩，便出现了力矩浪费的现象。

（5）运行性能不同　步进电动机的控制为开环控制，起动频率过高或负载过大易出现丢步或堵转的现象，停止时，转速过高易出现过冲的现象，所以为保证其控制精度，应处理好升、降速问题。交流伺服驱动系统为闭环控制，驱动器可直接对电动机编码器反馈信号进行采样，内部构成位置环和速度环，一般不会出现步进电动机的丢步或过冲的现象，控制性能更为可靠。

（6）速度响应性能不同　步进电动机从静止加速到工作转速（一般为每分钟几百转）需要200~400ms。交流伺服系统的加速性能较好，以三洋400W交流伺服电动机为例，从静止加速到其额定转速3000r/min仅需几毫秒，可用于要求快速起停的控制场合。

综上所述，交流伺服系统在许多性能方面都优于步进电动机。但在一些要求不高的场合，也经常用步进电动机来做执行电动机。所以，在控制系统的设计过程中要综合考虑控制要求、成本等多方面的因素，选用适当的控制电动机。

7. 各种伺服电动机与伺服驱动器外形图（见图2-6）

图 2-6　伺服电动机与伺服驱动器

2.2.2　谐波减速器

谐波减速器在国内20世纪六七十年代已开始研制，最近才取得成熟的生产工艺技术，广泛应用于工业机器人行业。到目前已有不少厂家专门生产谐波减速器，并形成系列化。

1. 主要特点

1）承载能力高。谐波传动中，齿与齿的啮合为面接触，加上同时啮合的齿数（重叠系数）比较多，因而单位面积载荷小，承载能力比其他传动形式高。

2）传动比大。单级谐波齿轮传动的传动比可达 70 ~ 500。

3）体积小、重量轻。

4）传动效率高、寿命长。

5）传动平稳，无冲击，无噪声，运动精度高。

6）加工工艺要求高。

由于柔轮承受较大的交变载荷，因而对柔轮材料的抗疲劳强度、加工和热处理要求较高，工艺复杂。

2. 主要组成（见图 2-7、图 2-8）

1）带有内齿圈的刚性齿轮（刚轮），它相当于行星系中的太阳轮。

2）带有外齿圈的柔性齿轮（柔轮），它相当于行星轮。

3）波发生器，它相当于行星架。

作为减速器使用时，通常采用波发生器主动、刚轮固定、柔轮输出的形式。

图 2-7 谐波减速器结构图

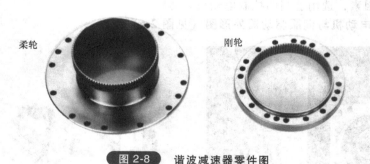

图 2-8 谐波减速器零件图

3. 工作原理

如图 2-9 所示，波发生器是一个杆状部件，其两端装有滚动轴承构成滚轮，与柔轮的内壁相互压紧。柔轮为可产生较大弹性变形的薄壁齿轮，其内孔直径略小于波发生器的总长。波发生器是使柔轮产生可控弹性变形的构件。波发生器装入柔轮后，迫使柔轮的剖面由原先的圆形变成椭圆形，其长轴两端附近的齿与刚轮的齿完全啮合，而短轴两端附近的齿则与刚轮完全脱开。周长上其他区段的齿处于啮合和脱离的过渡状态。当波发生器沿图 2-9 所示方向连续转动时，柔轮的变形不断改变，使柔轮与刚轮的啮合状态也不断改变，由啮入、啮合、啮出、脱开、再啮入……周而复始地进行，从而实现柔轮相对刚轮沿波发生器相反方向的缓慢旋转。

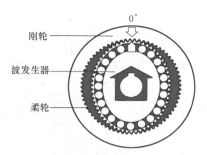

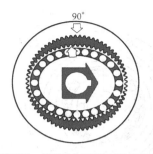

柔轮被波发生器弯曲成椭圆状。因此，在长轴部分刚轮和齿轮啮合，在短轴部分则完全与齿轮呈脱离状态

固定刚轮，使波发生器按顺时针方向旋转后，柔轮发生弹性形变，与刚轮啮合的齿轮位置顺次移动

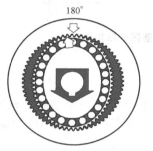

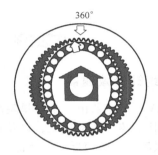

波发生器向顺时针方向旋转180°后，柔轮仅向逆时针方向移动一齿

波发生器旋转一周(360°)后，由于比刚轮减少2齿，因此此柔轮向逆时针方向移动2齿。一般将该动作作为输出执行

图 2-9　谐波减速器原理图

4．工业机器人中经常使用的部位

关节坐标系机器人一般在手臂的关节部位使用谐波减速器。直线机器人则可用于螺杆驱动或同步带驱动的动力部分。

5．外形图 （见图2-10、图2-11）

图 2-10　法兰输入连接的谐波减速器

图 2-11　空心轴输入连接的谐波减速器

6. 结构图（见图 2-12）

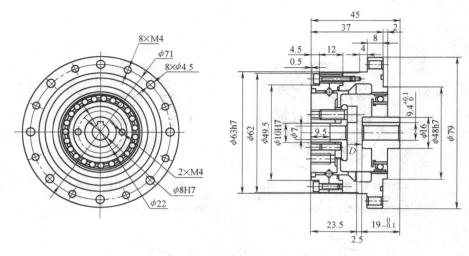

图 2-12　谐波减速器的结构图

2.2.3　摆线针轮减速器

摆线针轮（RV）减速器由一个行星轮减速器的前级和一个摆线针轮减速器的后级组成。RV 减速器具有结构紧凑，传动比大，以及在一定条件下具有自锁功能的优点，是最常用的减速器之一，而且振动小，噪声低，能耗低。

RV 传动是新兴起的一种传动，它是在传统针摆行星传动的基础上发展起来的，不仅克服了一般针摆传动的缺点，而且因为具有体积小、重量轻、传动比范围大、寿命长、精度保持稳定、效率高、传动平稳等一系列优点，日益受到国内外的广泛关注，被广泛应用于工业机器人、机床、医疗检测设备、卫星接收系统等领域。

它与机器人中常用的谐波传动相比，其具有高得多的疲劳强度、刚度和寿命，而且回差精度稳定，不像谐波传动那样随着使用时间增长，运动精度就会显著降低，故世界上许多国家高精度机器人传动多采用 RV 减速器。下面对其作简要介绍。

1. 分类

1）同轴减速器。

2）平行轴输入减速器。

3）90°转角减速器。

2. 特点

1）传动比范围大。

2）扭转刚度大，输出机构为两端支承的行星架，用行星架左端的刚性大圆盘输出，大圆盘与工作机构用螺栓联接，其扭转刚度远大于一般摆线针轮行星减速器的输出机构。在额定转矩下，弹性回差小。

3）只要设计合理，保证制造装配精度，就可获得高精度和小间隙回差。

4）传动效率高。

5）传递同样转矩与功率时，RV 减速器的体积小（或者说单位体积的承载能力小）。RV减速器由于第一级用了三个行星轮，特别是第二级，摆线针轮为硬齿面多齿啮合，这本身就决定了它可以用小的体积传递大的转矩，又加上在结构设计中，让传动机构置于行星架的支承主轴承内，使轴向尺寸大大缩小，所有上述因素使传动总体积大为减小。

3．工作原理（见图 2-13~图 2-15）

RV 减速器的传动装置由第一级渐开线圆柱齿轮行星减速机构和第二级摆线针轮行星减速机构两部分组成，为一封闭差动轮系。图 2-14 所示为其结构图。主动的太阳轮与输入轴相连，如果渐开线太阳轮沿顺时针方向旋转，它将带动三个呈 120°布置的行星轮在绕太阳轮轴心公转的同时还沿逆时针方向自转，三个曲柄轴与行星轮相固连而同速转动，两片相位差 180°的摆线轮铰接在三个曲柄轴上，并与固定的针轮相啮合，在其轴线绕针轮轴线公转的同时，还将沿反方向自转，即顺时针转动。输出机构（即行星架）由装在其上的三对曲柄轴支承轴承来推动，把摆线轮上的自转矢量以 1∶1 的速比传递出来。

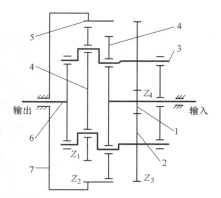

图 2-13 RV 减速器工作原理
1—太阳轮 2—行星轮 3—偏心轴 4—摆线轮 5—针轮 6—输出轴 7—针齿壳

RV-E 型减速器是两级减速型（见图 2-14）。

第一减速部——正齿轮减速机构：输入轴的旋转从输入齿轮传递到直齿轮，按齿数比进行减速。

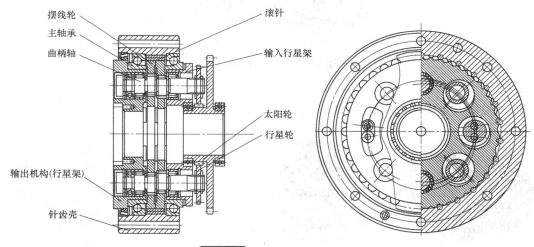

图 2-14 RV-E 型减速器

第二减速部——差动齿轮减速机构：图 2-15 所示为传动过程。直齿轮与曲柄轴相连接，变为第二减速部的输入。在曲柄轴的偏心部分，通过滚动轴承安装 RV 齿轮。另外，外壳内侧仅比 RV 齿轮数多一个的针齿，以同等的齿距排列。

如果固定外壳转动直齿轮，由于曲柄轴的偏心运动 RV 齿轮也进行偏心运动。此时如果曲柄轴转动一周，则 RV 齿轮就会沿与曲柄轴相反的方向转动一个齿。这个转动被输出到第二减速部的轴。将轴固定时，外壳侧成为输出侧。

4．速比 R

第一减速部与第二减速部相加得到的减速比 i 因使用方法而异，可以根据下列公式所示的速比值算出。

$$R = \frac{Z_2}{Z_1} \frac{Z_3}{Z_4}$$

式中，R 为速比；Z_1 为输入齿轮的齿数；Z_2 为直齿轮的齿数；Z_3 为 RV 齿轮的齿数；Z_4 为

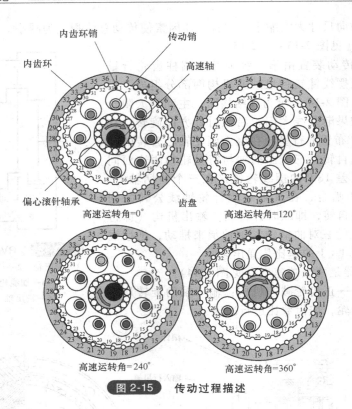

图 2-15　传动过程描述

针齿根数。

5. 外形图 （见图 2-16 和图 2-17）

图 2-16　拆成两部分的外形图

图 2-17　装配后的外形图

6. 在工业机器人中的经常用到的部位

由于 RV 减速器回差精度稳定，不像谐波传动那样随着使用时间增长，运动精度显著降低，大有取代谐波减速器的趋势。

对于关节坐标系机器人同轴心输入减速器，一般在手臂的关节部位使用。

对于关节坐标系机器人平行轴输入减速器，小型减速器一般用于搬运机器人的手腕部位；大型减速器则用于机器人的回转座。

对于直线机器人同轴心输入减速器和 90°转角减速器则可用于螺杆或同步带轮的驱动。

2.2.4　行星减速器

行星减速器具有重量轻、体积小、传动比范围大、效率高、运转平稳、噪声低、适应性强等特点。

1. 分类

行星减速器分同轴减速器和90°转角减速器两种。

2. 基本系列与型号

系列：PLX、PLH、PLF、PLE、ZPLX、ZPLH、ZPLF、ZPLE。

型号：60、90、115、142、180、220、240、280、330、350、400、450、500、560。

型号的数值直接反映外形尺寸的大小。

3. 速比

速比通常取3、4、5、7、10以及各数的公倍数。

4. 工作原理（见图2-18）

由一个内齿环紧密结合于齿箱壳体上，环齿中心有一个自外部动力所驱动的太阳轮，两者之间有一组均匀分布的三个齿轮组成的行星轮组，该组行星轮依附在输出轴、内齿环及太阳轮之间。

当行星减速器输入轴驱动太阳轮时，带动行星轮自转，并沿内齿环的轨迹中心做公转，带动连接盘的输出轴输出运动。

图 2-18　行星减速器工作原理图

级数：即行星轮的套数。由于一套行星轮无法满足较大的传动比，有时需要两套或者三套来满足用户较大的传动比的要求。由于增加了行星轮的数量，所以二级或三级减速器的长度会有所增加，效率会有所下降。

回程间隙：将输出端固定，输入端顺时针和逆时针方向旋转，使输入端产生额定转矩±2%转矩时，减速器输入端有一个微小的角位移，此角位移就是回程间隙，单位是"分"，就是（1/60）°，也称之为背隙。

一般工业机器人要求有3″的回程间隙［即（3/60/60）°］。

5. 结构

行星减速器由一个内齿环紧密结合在齿箱壳体上，环齿中心有一个自外部动力所驱动的太阳轮，介于两者之间有一组由三颗齿轮等分组合在托盘上的行星轮组，该组行星轮依靠出力轴、内齿环及太阳轮支承浮游于其间；当入力侧动力驱动太阳轮时，可带动行星轮自转，并循着内齿环的轨迹沿中心公转，行星转动时带动连接在托盘的出力轴输出动力。利用齿轮的速度转换器，将电动机的回转数减小到所要的回转数，并得到较大转矩。

在用于传递动力与运动的减速器机构中，行星减速器属精密型减速器，减速比可精确到0.1~0.5r/min。

行星减速器主要传动结构为：行星轮、太阳轮和内齿圈。

行星减速器内部齿轮采用20CrMnTi钢渗碳淬火制造。

6. 外形图（见图2-19）

图 2-19　行星减速器外形图

7. 在工业机器人中经常用到的部位

对于关节坐标系机器人，一般在手臂的关节部位使用。对于直线机器人，则可用于螺杆驱动或同步带驱动的动力部分。

8. 伺服电动机、减速器、驱动部件的安装关系（见图 2-20）

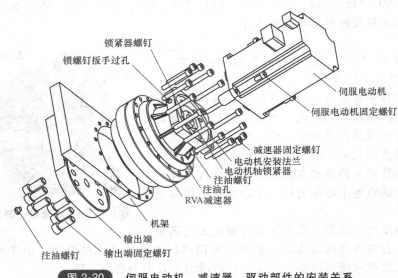

锁紧器螺钉
锁螺钉扳手过孔
伺服电动机
伺服电动机固定螺钉
减速器固定螺钉
电动机安装法兰
电动机轴锁紧器
注油螺钉
注油孔
RVA减速器
机架
输出端
注油螺钉
输出端固定螺钉

图 2-20 伺服电动机、减速器、驱动部件的安装关系

2.2.5 线性滑轨

线性滑轨出现之前，为了实现精确的线性运动，大多采用燕尾槽结构，薄片调整间隙或圆柱加滑套结构，这些结构制造烦琐，运动精度不高。

线性滑轨具有高精度、高负载能力、高刚性、高可靠度、全密封防尘的特性，使精密的线性运动变得容易。直角坐标系工业机器人离不开线性滑轨的使用，大大加快了自动化设备的发展。

线性滑轨一般采用轴承钢 GCr15 制造，也有的用 12Cr13（410）和 20Cr13（420）等不锈钢材料制造。

1. 工字形线性滑轨（见图 2-21～图 2-23）

工字形线性滑轨又分为轻型线性滑轨与重型线性滑轨，都采用滚珠滑套导向。

工字形线性滑轨各方向皆具有高刚性，运用四列式圆弧沟槽，配合四列钢珠 45° 的接触角度，让钢珠达到理想的两点接触构造，能承受来自上、下、左、右方向的负荷；在必要时更可施加预压，以提高刚性。即使使用过久磨损，也可通过释放预装压力来保持精度不变。

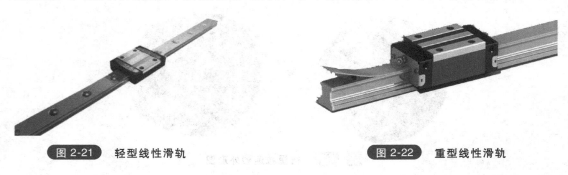

图 2-21 轻型线性滑轨　　　　　**图 2-22** 重型线性滑轨

工字形线性滑轨具有自动调心能力，来自圆弧沟槽的 DF（−45°与 45°）组合，安装时，借钢珠的弹性变形及接触点的转移，即使安装面有些偏差，也能被线性滑轨滑块内部吸收，产生自动调心的效果，从而得到高精度、稳定的线性运动。

2. 圆形线性滑轨

圆形线性滑轨又分为圆形光轴线性滑轨（见图 2-24）与半圆形光轴线性滑轨（见图 2-25），均采用滚珠滑套导向。

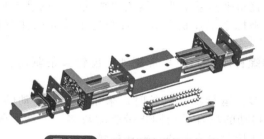

图 2-23　重型线性滑轨结构图

图 2-24　圆形光轴线性滑轨

图 2-25　半圆形光轴线性滑轨

3. 导轮半圆形线性滑轨

导轮半圆形线性滑轨又分为内侧导轮双半圆形线性滑轨（见图 2-26）与外侧导轮双半圆形线性滑轨（见图 2-27），均采用导轮导向。

图 2-26　内侧导轮双半圆形线性滑轨

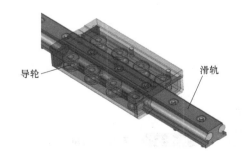

图 2-27　外侧导轮双半圆形线性滑轨

4. 顶部导轮 V 形线性滑轨（见图 2-28）

顶部导轮 V 形线性滑轨一般用于重载的场合，平行分布垂直安装。

按摩擦性质来分，直线滑轨又可分为滑动摩擦导轨、滚动摩擦导轨、弹性摩擦导轨和流体摩擦导轨等种类。

德国 igus（易格斯）除生产免维护工程塑料圆轴承外，还生产免维护的直线滑动线性滑轨，可用于特殊场合。

导轮
伺服驱动
V形导轨
同步带

图 2-28　顶部导轮 V 形线性滑轨

2.2.6　直线运动单元

图 2-29～图 2-31 所示为直线运动单元，是直角坐标系工业机器人集成化生产的基本单元。不同的单元模块可以组成适合不同需求的直角坐标系工业机器人。直线运动单元已实现标准化、通用化的生产（见图 2-32）。

直线运动单元的驱动一般有多种方式，如螺杆驱动、同步带驱动、齿轮齿条驱动、气缸驱动以及直线电动机直接驱动。

运行距离较短时，采用螺杆驱动的方式较多；运行距离较长时，采用同步带驱动的方式较多。重载场合采用螺杆驱动较多；轻载快速移动的场合采用同步带驱动较多。当然德国 FI-BRO 直角坐标系机器人有采用同步钢带驱动实现长距离重载快速输送的情况。

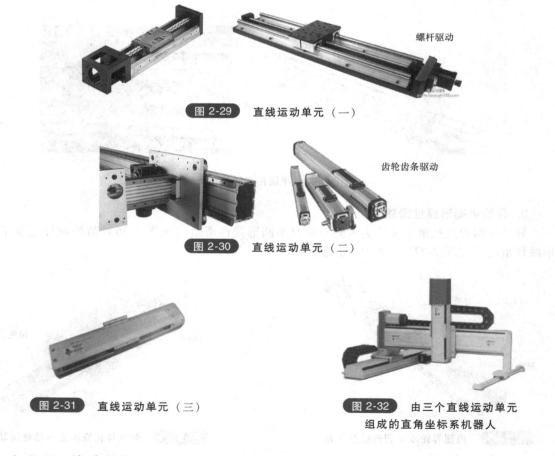

螺杆驱动

图 2-29　直线运动单元（一）

齿轮齿条驱动

图 2-30　直线运动单元（二）

图 2-31　直线运动单元（三）

图 2-32　由三个直线运动单元组成的直角坐标系机器人

2.2.7　滚珠丝杠

在滚珠丝杠广泛应用之前，需要螺杆传动时，一般制作成 T 形螺纹或方形螺纹传动。其传动摩擦阻力大，传动精度低。

1940 年，美国将滚珠丝杠应用于汽车的转向机构，1943 年用于飞机的起落架和操作系统。随着数控机床和自动化设备的发展，滚珠丝杠得到广泛的应用。

滚珠丝杠在直角坐标系工业机器人中应用较多，将回转运动转化为均匀的直线运动，同时具有高精度、可逆性和高效率的特点，摩擦阻力很小。

由于滚珠丝杠副可以加预压，使轴向间隙达到负值，进而得到较高的刚性（滚珠丝杠内通过给滚珠加预压，在实际用于机械装置时，滚珠的反作用力可使螺母部位的刚性增强）。即使使用过久磨损，也可通过释放预装压力来维持传动精度不变。

1. 滚珠丝杠传动结构

滚珠丝杠由螺杆、螺母、钢球、预压片、反向器和防尘器组成。它的功能是将旋转运动转化成直线运动。

常用的循环方式有两种：外循环和内循环。滚珠在循环过程中有时与丝杠脱离接触的称为外循环，始终与丝杠保持接触的称为内循环。滚珠每一个循环闭路称为列，每个滚珠循环闭路内所含导程数称为圈数。内循环滚珠丝杠副的每个螺母有 2 列、3 列、4 列、5 列等几种，每列只有一圈；外循环每列有 1.5 圈、2.5 圈和 3.5 圈等几种（见图 2-33）。

图 2-33　滚珠丝杠的结构

滚珠丝杠传动的几个主要参数如下：

（1）螺杆直径 d　通常所说的螺杆直径即指螺杆的外径，即公称直径 d。

（2）螺纹线数 n　螺纹线数即同时绕轴旋转的螺纹数量。

（3）导程 P_h　导程是螺杆回转一周螺母移动的距离，对于单线螺杆，导程 P_h 等于螺距 P。一般

$$P_h(导程) = P(螺距) \times n(螺纹线数)$$

（4）螺杆的螺纹部分的长度 l　螺杆的螺纹部分的长度 l 要略大于工作长度。

（5）螺杆的总长 L　螺杆的总长包括安装部位的长度。订货时需提供图样（见图 2-34），标明安装部位的尺寸要求。

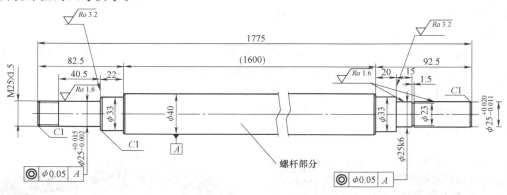

技术要求

1.螺杆型号：1R4010A2-1-FDID-1600-1775-0.05-R-P1

2.其他尺寸按供应商标准制作

图 2-34　定制的螺杆图样

2. 滚珠丝杠传动的几种安装方式（见图 2-35）

图 2-35 安装滚珠丝杠的各种轴承座

（1）平面安装方式（见图 2-36）
（2）端面安装方式（见图 2-37）

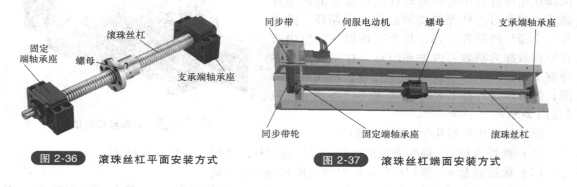

图 2-36 滚珠丝杠平面安装方式

图 2-37 滚珠丝杠端面安装方式

2.2.8 同步带

同步带是以钢丝绳或尼龙纤维等为强力层，外覆以聚氨酯或氯丁橡胶的环形带，带的内周制成齿状，使其与同步带轮啮合。同步带传动时，传动比准确，对轴的作用力小，结构紧凑，耐油，耐磨性好，抗老化性能好，一般使用温度为 $-20 \sim 80℃$，$v < 50m/s$，$P < 300kW$，$i < 10$，对于要求同步的传动也可用于低速传动。

1. 同步带型号分类

（1）方齿/梯形齿同步带　方齿/梯形齿同步带（见图 2-38）型号主要有 MXL、XL、L、H、XH、XXH、T2.5、T5、T10、T20、AT5、AT10、AT20。

（2）圆弧齿同步带　圆弧齿同步带（见图 2-39）型号主要有 3M、5M、8M、14M、20M、S3M、S5M、S8M、1.5GT、2GT、3GT、5GT、8YU、3MR、5MR、5MGT、8MGT、14MGT、8MGTC、14MGTC、LL、TP。

图 2-38 梯形齿同步带

图 2-39 圆弧齿同步带

2. 同步带强力层的环绕绳铺设方式（见图2-40）

图 2-40　同步带强力层的环绕绳铺设方式

同步带强力层的铺设材料及铺设方式，以及齿形层与覆盖层的选用材料直接影响传动力的大小、传动特性和使用寿命。一般情况下：

1）氯丁橡胶覆盖层，适用于较高速度的情况。

2）聚氨酯覆盖层，适用于较低速度的情况。

3）玻璃纤维强力层，适用于拉力低同时速度较高的情况。

4）钢丝强力层，适用于拉力大同时速度较低的情况。

所以，选型时酌情而定。

（1）环绕绳搭接方式（见图2-41）

（2）环绕绳连续环绕方式（见图2-42）　显然，连续环绕方式所承受的拉力比搭接方式要大得多。覆盖层与齿形层是橡胶时从外观上难以辨别，所以订货时必须加以说明。

图 2-41　同步带的强力层
环绕绳搭接方式

图 2-42　同步带的强力层
环绕绳连续环绕方式

（3）连接板接驳方式　在不需要循环运动时，只是在小于中心距长度范围内往复运动时，可以采用夹板接驳的方式进行连接。连接的部位设置为运动的传递部位，这样的接驳方式不会影响和减弱拉力的传递（见图2-43）。

3. 同步带轮与轴的连接方式

（1）键连接（见图2-44）

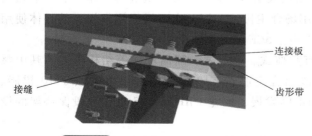

图 2-43　同步带的连接板接驳方式

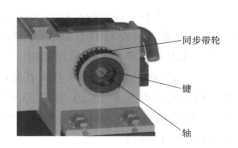

图 2-44　同步带轮与轴的键连接方式

（2）胀紧套连接（见图 2-45）

胀紧套与键连接相比，胀紧套连接调整比较方便；键连接传递的力矩大，但键连接时键连接部位易产生间隙，影响传动精度。

4. 同步带直线运动单元（见图 2-46）

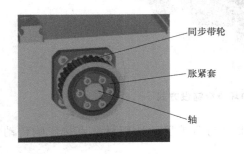

同步带轮

胀紧套

轴

图 2-45 同步带轮与轴的胀紧套连接方式

图 2-46 同步带直线运动单元

2.2.9 回转支承

回转支承是近 40 年在世界范围内逐渐兴起的新型机械零部件，它由内外圈、滚动体等构成。目前，我国定型生产的回转支承，主要是 20 世纪 80 年代初由原机械工业部指定天津工程机械研究所组织引进德国罗特艾德公司的设计和制造技术。1984 年 12 月 20 日发布了中华人民共和国机械工业部标准：JB 2300—1984《回转支承型式　基本参数和技术要求》。现行标准为 JB/T 2300—2011《回转支承》。

回转支承在机器人工程中，主要在大型重载回转平台中使用，也在重型工业机器人中用作回转座的回转支承。回转支承能同时承受轴向力、径向力和倾翻力矩。

1. 回转支承的主要型号系列

1）01 系列：单排四点接触球式回转支承。

2）02 系列：双排异径球式回转支承。

3）11 系列：单排交叉滚柱式回转支承。

4）13 系列：三排滚柱式回转支承。

5）HS 系列：单排四点接触球式回转支承。

6）HJ 系列：单排交叉滚柱式回转支承。

2. 所用材料

（1）折叠套圈与滚动体　一般情况下，回转支承滚动体采用整体淬硬的碳铬轴承钢，牌号为 GCr15 或 GCr15SiMn；回转支承套圈则采用表面淬硬钢，当用户无特殊要求时，一般选用 50Mn 钢制造，但有时为了满足部分特殊应用场合主机的需要，也可根据用户提供的具体使用条件，选用其他牌号的表面淬硬钢，如 42CrMo、5CrMnMo 等。

（2）折叠保持架　回转支承用保持架有整体式、分段式、隔离块式等结构形式。其中整体式和分段式保持架用 20 钢或 ZL102 铸造铝合金制造。隔离块式采用聚酰胺 1010 树脂、ZL102 铸造铝合金等制造。随着材料工业的不断发展，尼龙 GRPA66.25 也在分段保持架的设计中得以推广应用。

（3）折叠密封圈　回转支承密封圈采用耐油丁腈橡胶制造。

3. 回转支承的结构（见图 2-47 和图 2-48）

图 2-47　回转支承结构图（一）

图 2-48　回转支承结构图（二）

4. 外形图（见图 2-49）

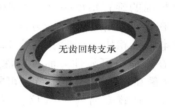

外齿回转支承　　内齿回转支承　　无齿回转支承

图 2-49　回转支承外形图

2.2.10　高精密轴承

高精密轴承也是工业机器人的重要配件之一，用于关节部位、转动轴的支承。目前，国内高精密轴承市场进口轴承占了大半壁江山，国产高精密轴承也发展迅速（见图 2-50）。

图 2-50　高精密轴承

1. 进口高精密轴承主要品牌

（1）TIMKEN（铁姆肯）轴承　1895 年，铁姆肯公司的创办人亨利·铁姆肯先生为当时的车轴发明了一种使用圆锥形滚子的轴承，即圆锥滚子轴承（Tapered Roller Bearings），公司由此成立，是美国企业。

（2）SKF（斯凯孚）轴承　斯凯孚轴承建立于 1907 年，是瑞典企业。

（3）NSK 轴承　日本精工株式会社（NSK LTD.）成立于 1916 年，是日本第一家设计生产轴承的厂商。

（4）FAG（舍弗勒）轴承　FAG 轴承品牌创始于 1883 年，是整个滚动轴承基础产业的技术先驱，是德国企业。

（5）INA 轴承　隶属于舍弗勒集团旗下的德国 INA 轴承公司，成立于 1946 年，总部位于德国纽伦堡。

（6）NTN 轴承　日本 NTN 轴承公司于 1918 年成立。

（7）IKO 轴承　IKO 轴承是日本汤姆逊公司的注册商标。

（8）THK 轴承　日本 THK 轴承主要用于直线运动系统。

（9）HIC 轴承　HIC 轴承是日本企业。

（10）SAMICK 轴承　以直线轴承为主，是韩国企业。

2. 国产精密轴承主要品牌

（1）哈尔滨轴承有限公司（HRB）　第一批国产轴承品牌。

（2）洛阳 LYC 轴承有限公司　中国轴承行业规模最大的制造企业之一。

（3）瓦房店轴承集团有限责任公司（ZWZ）　产品的国内市场占有率均在 20% 以上。

（4）人本集团有限公司（人本 C&U）　人本 C&U 轴承多次获中国"精品轴承"称号。

（5）浙江天马轴承股份有限公司（TWB）　短圆柱滚子轴承等国内市场占有率排名第一。

（6）泉州国兴轴承有限公司（LK）　外球面轴承是 LK 主要产品。

（7）无锡市第二轴承有限公司（XEZ）　成立于 1988 年，生产不锈钢轴承。

3. 国产轴承与进口轴承的差距

（1）轴承的精度　国产轴承的尺寸偏差和旋转精度虽然和进口轴承已经非常接近，但是与德国进口轴承相比，在离散度上还有一定的差距。国外早已开始研究和应用"不可重复跳动"这样精细的旋转精度指标，而中国在此方面的研究还是空白。

（2）在振动、噪声与异音方面　日本已推出静音及超静音轴承，而中国轴承的振动极值水平与日本轴承相比，一般要相差 12dB。

（3）在寿命与可靠性方面　以深沟球轴承为例，国外名牌产品的寿命一般为计算寿命的 8 倍以上（最高可达 30 倍以上），可靠性为 98% 以上（或追求与主机等寿命），而中国轴承的寿命一般仅为计算寿命的 3~5 倍，可靠性为 96% 左右。

（4）在高速性能方面　国外名牌产品的 $d_m n$ 值达 4000000mm/min，而中国轴承仅为 2000000mm/min［最大 $d_m n$ 值 = 轴承节圆直径（mm）× 转速（r/min）］。

2.2.11　直线电动机

1. 直线电动机的原理

直线电动机又称为直线伺服电动机，控制方式可以参照伺服电动机，但直线电动机的运动范围是有限的直线长度。

直线电动机的原理并不复杂（见图 2-51），设想把一台旋转运动的感应电动机沿着半径的方向剖开，并且展平，这就成了一台直线感应电动机。在直线电动机中，相当于旋转电动机定子的，叫初级；相当于旋转电动机转子的，叫次级。初级通以交流，次级就在电磁力的作用下沿着初级做直线运动。这时初级要做得很

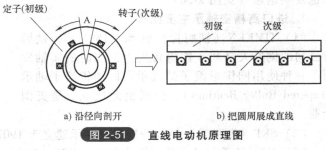

a）沿径向剖开　　　　b）把圆周展成直线

图 2-51　直线电动机原理图

长，延伸到运动所需要达到的位置，而次级则不需要那么长。实际上，直线电动机既可以把初级做得很长，也可以把次级做得很长；既可以初级固定、次级移动，也可以次级固定、初级移动。

直线电动机可以直接做成直线驱动平台或机械手的直线臂（见图 2-52 和图 2-53）。

图 2-52　平板直线电动机　　　　　　　　图 2-53　直线电动机驱动平台

2. 直线电动机驱动的主要优点

1）直线移动速度范围宽，最高可达到 200m/min 以上。

2）速度特性好。速度偏差可达到 0.01% 以下。

3）加速度大。直线电动机最大加速度可达 30g，一般伺服驱动只达到 5g 左右。

4）定位精度高。采用光栅闭环控制，定位精度可达 0.01~0.1mm。应用前馈控制的直线电动机驱动系统可减少跟踪误差 200 倍以上。由于运动部件的动态特性好，响应灵敏，加上插补控制的精细化，可实现纳米级控制。

5）行程不受限制。传统的丝杠传动受丝杠制造工艺限制，一般行程仅为 4~6m；而采用直线电动机驱动，定子可无限加长，且制造工艺简单，最大行程已达 40m 以上。

其实，磁悬浮列车就是直线电动机驱动的典型例子。

6）结构简单、运动平稳、噪声小，运动部件摩擦小、磨损小、使用寿命长、安全可靠。

2.3　工业机器人本体制造使用的材料

2.3.1　铸铁

铸铁可用于制造机器人底座、天轨、地轨以及不需移动的机器人部件等。

铸铁用于制造工业机器人的牌号有：

1）灰铸铁。如 HT250、HT300、HT350 等。

2）球墨铸铁。如 QT400-18、QT500-7、QT600-3、QT700-2 等。

2.3.2　铸钢

铸钢可用于制造工业机器人回转座、天轨、地轨、重型机器人的大臂、不需移动的机器人部件等。

用于制造工业机器人的铸钢牌号有 ZG230-450、ZG270-500 等。

2.3.3　铸造不锈钢

铸造不锈钢可用于制造工业机器人有防腐特殊要求的受力部件，用于腐蚀环境的机器人手爪、手臂等部件的制造，其设计结构一定要符合机器人动力学要求。

用于工业机器人制造的铸造不锈钢牌号有 CF3（相当于 304L）、CF3M（相当于 316L）、CF8（相当于 304）、CF8M（相当于 316）。

2.3.4　铝合金型材

铝合金型材可用于制造工业机器人非铸造部件。

铝合金型材一般为已具有一定结构形状的型材、厚板等。5000、6000、7000 系列牌号的铝合金型材，都可用于工业机器人零件的制造。7000 系列号称航空铝材，用得最多的是 7075，其抗拉强度（$R_m = 503MPa$）达到 45 钢的水平，而密度只有其 $1/3(2.84kg/dm^3)$。

常用牌号有 5052、5254、5082、5182、5086、6061、6063、6151、7075 等。

2.3.5 铸造铝合金

铸造铝合金可用于制造工业机器人几乎所有的部件，尤其是手爪、手臂等运动部位的部件。

根据主要合金元素差异有以下四类铸造铝合金：

1）铝硅系合金，也叫"硅铝明"，它有良好的铸造性能和耐磨性能，热胀系数小，在铸造铝合金中是品种最多、用量最大的合金，硅的质量分数为 10%~25%，有时添加 0.2%~0.6%镁的硅铝合金，广泛用于结构件，如壳体、缸体、箱体和框架等。有时添加适量的铜和镁，能提高合金的力学性能和耐热性。

2）铝铜系合金。铜的质量分数为 4.5%~5.3%的铝铜系合金强化效果最佳，适当加入锰和钛能显著提高抗高温强度和铸造性能，主要用于制作承受大的动、静载荷和形状不复杂的砂型铸件。

3）铝镁系合金，是密度最小（$2.55g/cm^3$）、强度最高（355MPa 左右）的铸造铝合金，镁的质量分数为 12%，强化效果最佳。铝镁系合金在大气和海水中的耐蚀性能好，室温下有良好的综合力学性能和可切削性。

4）铝锌系合金，为改善性能常加入硅、镁元素，称为"锌硅铝明"。在铸造条件下，该合金有淬火作用，即"自行淬火"，不经热处理就可使用；变质热处理后，铸件有较高的强度；经稳定化处理后，尺寸稳定。

铝锌系合金牌号有：ZAlSi7Mg、ZAlSi7MgA、ZAlSi12、ZAlSi9Mg、ZAlSi5Cu1Mg、ZAl-Si5Cu1MgA、ZAlSi8Cu1Mg、ZAlSi7Cu4、ZAlSi12Cu2Mg1、ZAlSi12Cu1Mg1Ni1、ZAlSi5Cu6Mg、ZAlSi9Cu2Mg、ZAlSi7Mg1A、ZAlSi5Zn1Mg、ZAlSi8MgBe、ZAlCu5Mn、ZAlCu5MnA、ZAlCu4、ZAlCu5MnCdA、ZAlCu5MnCdVA、ZAlRE5Cu3Si2、ZAlMg10、ZAlMg5Si1 等。

各种牌号的具体力学性能需查阅相关材料手册得到。

2.3.6 铸造工艺

铸造工艺有砂型铸造、金属型铸造、熔模铸造、压力铸造、消失模铸造、低压铸造、差压铸造、挤压铸造、真空吸铸、离心铸造等。

常用的铸造工艺有砂型铸造、金属型铸造、熔模铸造、消失模铸造等。

铸造的机器人部件的半产品如图 2-54~图 2-57 所示。

图 2-54 镁铝系合金铸造的机器人手臂

图 2-55 铸造铜合金的机器人部件

图 2-56　铸造的机器人不锈钢部件

图 2-57　机器人铸钢部件

2.4　工业机器人本体结构

为了描述和实际应用中称呼方便，常把直角坐标系机器人简称直线机器人；平行机构搬运机器人简称搬运机器人；关节坐标系机器人简称关节机器人。

由于直线机器人组成的作业群形成的作用范围面积大，几乎可涵盖整个车间，因此又叫它为面积作用机器人。

而搬运机器人、关节机器人作用范围有限，对于整个车间来说，只能在两个或两个以上工位起到自动连接的作用，或在一个工位上完成特定作业，这个连接点叫节点，在节点上作业的机器人叫节点作用机器人。

节点作用机器人通过天轨、地轨的连接，也可以实现大面积范围的工作，转化为面积作用机器人。

对于车间的自动化，需要节点作用机器人完成很多节点的自动化连接，或某个工位的自动化作业，也需要面积作用机器人实现整个车间的自动化网络连接。

2.4.1　直线机器人本体结构

直线机器人是最早应用的工业机器人，结构简单，手臂的运动方向和手臂数量可任意设置组合，手臂长度理论上可随意设计制造，如德国的 FIBRO 直线机器人运动范围可以横跨车间达 30m 以上，上下距离可达 6m。这是关节机器人等其他类型机器人无法实现的（见图2-58～图 2-60）。

多层布置　　　　　　　　大跨度作业

图 2-58　多台 FIBRO 直线机器人组成网络使生产车间实现无人化生产

直线机器人典型的组成包括横轴直线臂（X轴）、纵轴直线臂（Y轴）、竖轴直线臂（Z轴）、手腕中心轴旋转（C轴）、手腕水平面旋转（L轴）、手腕垂直面旋转（V轴）。

这样，机器人手腕部在理论上可以处于空间任一位置和任一姿态。

FIBRO直线机器人自动化运行方案，提供了一个自动无人化生产实际可行的案例，FIBRO也是全球知名的自动化设备提供商。

1. 各种驱动方式直线臂的应用场合

（1）由滚珠丝杠构成的直线臂的应用场合滚珠丝杠组成的直线臂的长度受滚珠丝杠的长度影响，不可做得过长，否则加工、运输都受限制。国内最长的丝杠已做到12m长、直径200mm，但一般不超过3m。过长的直线臂传动宜采用同步带或齿轮齿条传动。

由于滚珠丝杠能传递大推力，所以大推力场合宜选用滚珠丝杠直线臂。

图 2-59　在一条天轨上可运行多台直线臂执行机构

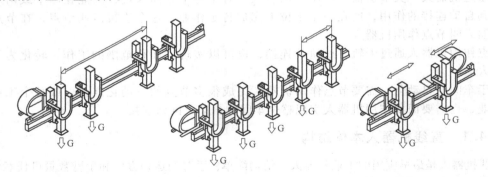

图 2-60　FIBRO 不同功能的手爪完成末端任务

（2）由同步带构成的直线臂的应用场合　同步带驱动一般用在直线臂过长的场合，一般长度既可用滚珠丝杠驱动，也可用同步带驱动时，则应根据传动精度要求、传动力的大小、制造成本等方面综合考虑。

从传动精度方面，滚珠丝杠要好过同步带传动；从传递力方面，滚珠丝杠要好过同步带传动；从成本方面，同步带驱动要比滚珠丝杠驱动低。

（3）运行在天轨上的直线臂组合体的驱动方式　天轨的动力驱动要根据需要同时驱动的直线臂组合体的情况来确定，如果只需驱动一台组合体，可采用同步带驱动；有多台直线臂组合体，需各自单独驱动时，则采用齿轮齿条的驱动方式，驱动电动机与齿轮装在独立的直线臂组合体上，齿条则装在天轨横梁上。

（4）气缸驱动的应用场合　在运行距离定位只有一个，位置定位精度要求不高且运动特性无特殊要求时，可以用气缸驱动完成动作。采用气缸驱动时，运行距离一般不超过 2m。

由气缸驱动组成的直线臂可与其他驱动方式直线臂组合成为直线机器人。运行距离需要调整时，可采用机械限位来定位。选用的气缸型号为普通气缸、无杆气缸等。

2. 应用案例

一个直线码垛机器人的案例如图 2-61~图 2-63 所示。

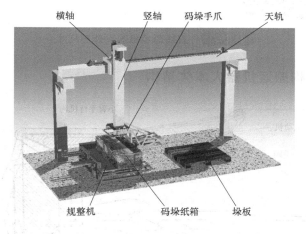

图 2-61　直线码垛机器人案例

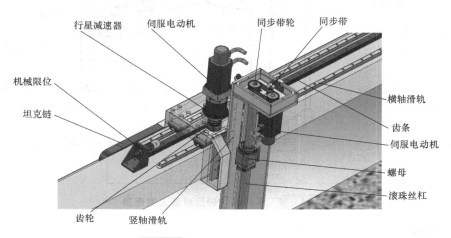

图 2-62　直线码垛机器人的局部

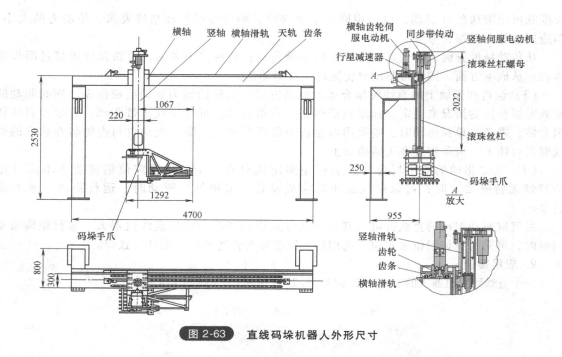

图 2-63　直线码垛机器人外形尺寸

2.4.2　平行机构搬运机器人本体结构

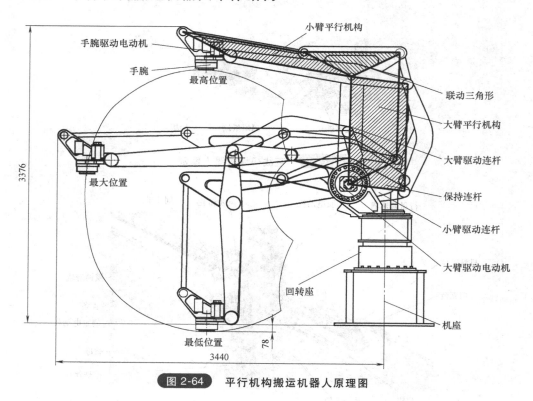

图 2-64　平行机构搬运机器人原理图

1. 平行机构（见图 2-64、图 2-65）

何谓平行机构？从图 2-64 可以理解。它由两个平行机构组成，即大臂平行机构通过联动三角形联动小臂平行机构，从而使手腕的端平面始终与地面平行。这与在搬动物料时只需做平行移动，而无须翻动的要求一致，所以将具有这种平行机构的机器人叫搬运机器人。

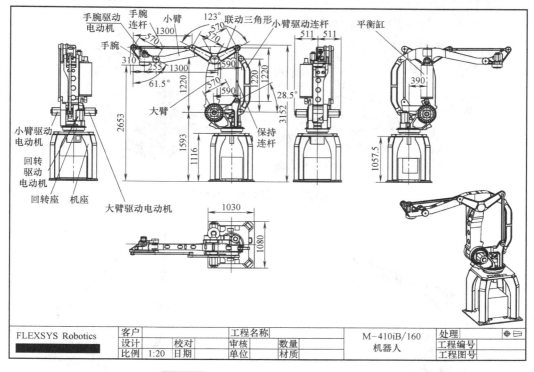

图 2-65　平行机构搬运机器人外形尺寸

平行机构搬运机器人（见图 2-66～图 2-69）组成包括：机座、回转座（J1 轴）、大臂（J2 轴）、小臂（J3 轴）、手腕端面回转轴（J4 轴）、保持连杆、小臂驱动连杆、联动三角形、手腕连杆、平衡缸。

以上基本构件（包括各自轴的驱动电动机等）组成一台搬运机器人的全部。

平衡缸由弹簧组组成，不同位置作用的弹簧数量不同。无论在力臂最远处提起重物，还是在力臂最近处提起重物，弹簧的作用力都能使机构的合力处于基本平衡状态。这样最大限度地优化了机构的动力学性能。

2. 搬运机器人选型参数

选型所要考虑的参数有：

1）机器人手臂负重，即需要搬运的货物＋手爪的重量。

2）机器人的活动范围。

3）机器人的节拍，即机器人在作业轨迹内运行一周所需的时间。

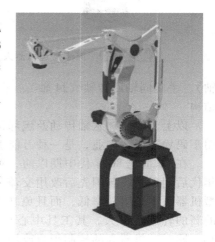

图 2-66　平行机构搬运机器人外形图

2.4.3　关节机器人本体结构

关节机器人的组成包括机座、回转座（J1 轴）、大臂回转轴（J2 轴）、小臂回转轴（J3

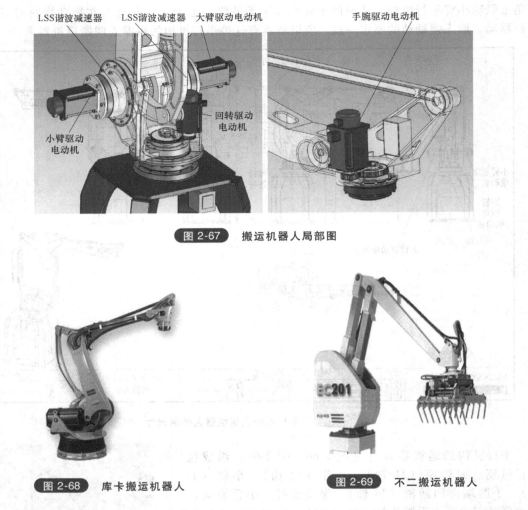

图 2-67　搬运机器人局部图

图 2-68　库卡搬运机器人

图 2-69　不二搬运机器人

轴）、手腕同轴回转轴（J4 轴）、手腕垂面回转轴（J5 轴）、手腕端面回转轴（J6 轴）、腕部结构。

　　以上，机座加六轴传动及腕部构成的关节机器人，可应用于焊接、喷涂、分拣等，也可用于码垛等搬运作业，是一种万能型机器人，如图 2-70 所示。

　　在 20 世纪 80 年代中期以前，对于电驱动的机器人都是用直流伺服电动机，而 20 世纪 80 年代后期以来，各国先后改用交流伺服电动机。由于交流电动机没有电刷，动特性好，使新型机器人不仅事故率低，而且免维修时间大大延长，加（减）速度也快。一些负载 16kg 以下的新的轻型机器人，其工具中心点（TCP）的最高运动速度为 3m/s 以上，定位准确，振动小。同时，机器人的控制柜也改用 32 位的微型计算机和新的算法，使之具有自行优化路径的功能，运行轨迹更加贴近示教的轨迹。图 2-71 是其原理图，图 2-72、图 2-73 是其外形图。

　　决定空间位置的回转轴有 J1 回转座、J2 大臂、J3 小臂，决定姿态的回转轴有 J4 手腕同轴回转、J5 手腕垂面回转、J6 手腕端面回转。

　　与搬运机器人一样，关节机器人选型所要考虑的参数有：

　　1）机器人手臂负重，即需要搬运的货物 + 手爪的重量。

　　2）机器人的活动范围。

　　3）机器人的节拍，即机器人在作业轨迹内运行一周所需的时间。

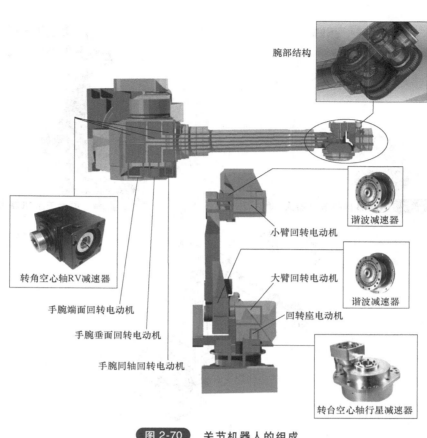

腕部结构

谐波减速器

小臂回转电动机

谐波减速器

大臂回转电动机

转角空心轴RV减速器

回转座电动机

手腕端面回转电动机

手腕垂面回转电动机

手腕同轴回转电动机

转台空心轴行星减速器

图 2-70　关节机器人的组成

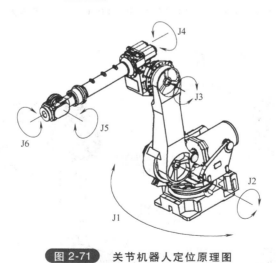

J4

J3

J5

J6

J2

J1

图 2-71　关节机器人定位原理图

2.4.4　发那科机器人本体结构

1. FANUC R-2000/165F、200F、125L 机器人结构（见图 2-74、图 2-75）。

2. J1 轴—机座（见图 2-76）

J1 轴—机座包括：电动机（编码器、伺服电动机、制动机构）、减速器、基座。

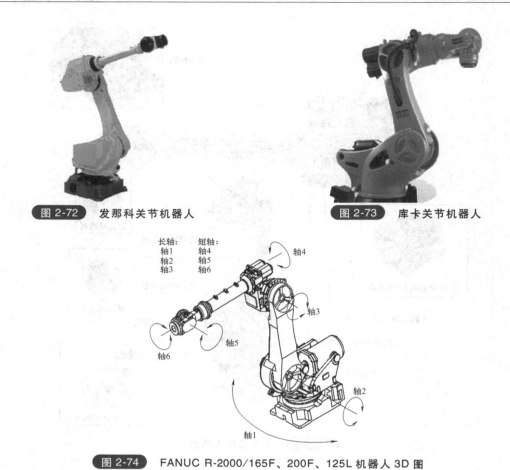

图 2-72　发那科关节机器人

图 2-73　库卡关节机器人

长轴:　短轴:
轴1　轴4
轴2　轴5
轴3　轴6

轴4

轴3

轴5

轴6

轴2

轴1

图 2-74　FANUC R-2000/165F、200F、125L 机器人 3D 图

交流伺服电动机(M5)
J5轴

交流伺服电动机(M6)
J6轴

交流伺服电动机(M4)
J4轴

终端联接法兰

回转轴

交流伺服电动机(M3)
J3轴

J3臂

J3臂座

交流伺服电动机(M1)
J1轴

J2臂

平衡装置

交流伺服电动机(M2)
J2轴

J2座

J1座

图 2-75　FANUC R-2000/165F、200F、125L 机器人结构总图

3. J2轴—大臂结构 （见图2-77）

J2轴—大臂包括电动机（编码器、伺服电动机、制动机构）、减速器、安装座。

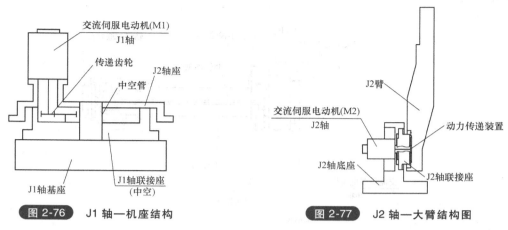

图 2-76 J1轴—机座结构

图 2-77 J2轴—大臂结构图

4. J3轴—小臂结构 （见图2-78）

J3轴—小臂包括电动机（编码器、伺服电动机、制动机构）、减速器、安装座。

5. J4轴—手腕同轴回转轴 （见图2-79）

J4轴—手腕同轴回转轴包括电动机（编码器、伺服电动机、制动机构）减速器、安装座。

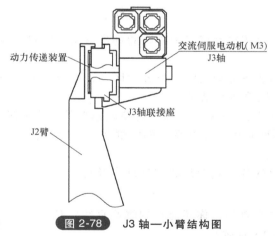

图 2-78 J3轴—小臂结构图

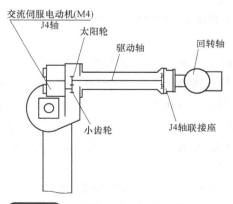

图 2-79 J4轴—手腕同轴回转轴结构图

6. J5/J6 轴—手腕垂面回转轴/端面回转轴（见图 2-80）

J5/J6 轴—手腕垂面回转轴/端面回转轴包括电动机（编码器、伺服电动机、制动机构）、减速器、安装座。

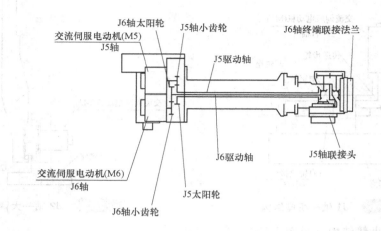

图 2-80 J5/J6 轴—手腕垂面回转轴/端面回转轴结构图

习　题

1. 叙述伺服电动机信号传输发展三个阶段的进步意义，它对工业机器人发展影响最大的几个方面是什么？

2. 列出伺服电动机与步进电动机的三条最大区别，以及影响工业机器人采用伺服电动机驱动而不是采用步进电动机驱动的原因。

3. 请分别叙述谐波减速器、RV 减速器、行星减速器的工作原理，指出其各自的优缺点。在工业机器人使用部位哪些是可以相互替代的？哪些是不能替代的？能相互替代的部分将来可能是哪种减速器占主导？

4. 请列出书中所介绍的各种直线滑轨的优缺点及可能的应用场合。

5. 除书中介绍的直线滑轨外，你还能找到哪些直线定位方式？（通过参考书籍、网上搜索）。

6. 请列出螺杆驱动、同步带驱动的两种直线驱动方式的优缺点及适用的应用场合。

7. 除书中介绍的直线驱动方式外，你还能找到哪些直线驱动方式？（通过参考书籍、网上搜索）。

8. 请选择并列举图 2-81 所示的六轴关节机器人各主要部位可能使用的材料和制造方法。

9. 请描述平行机构搬运机器人的工作原理。对腕部的末端端平面来讲，其运行特点是什么？

10. 请根据图 2-82 描述发那科机器人腕部端面的 J6 轴，简述从伺服电动机 M6 到末端端平面的运动传动线路。

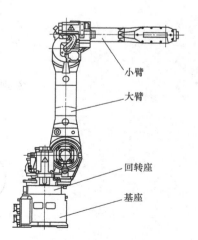

图 2-81 关节机器人各主要部位

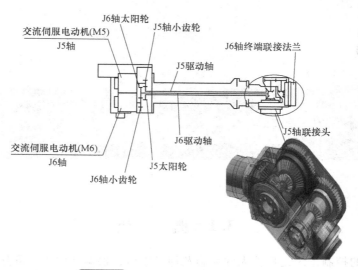

图 2-82　FANUC R-2000 J5／J6 轴

项目3

机器人控制系统

3.1 概　　述

工业机器人的控制系统是机器人的大脑及神经中枢，根据其构成，可分为三种情况：

1）自研的机器人，其控制系统及程序也是自研的。

2）采购成熟的机器人控制系统套件，用于自研的机器人控制。

3）成熟的机器人品牌产品，自带机器人控制系统。

3.2　机器人的控制及编程软件

由于自动化生产线改造的需要，一些特殊的工序需要具有特别功能的机器人来参与工作。下面介绍几种机器人的控制技术。

3.2.1　采用 PLC+人机界面的软件编程及控制

这是使用最广的一种控制方法，其设计步骤是首先进行控制系统架构及控制电路设计，然后进行 PLC 编程和人机界面组态编程。

1. 控制单元硬件的选型

1）根据负载特性选用适用的伺服电动机，需要有制动功能时，选用带制动功能的伺服电动机。注意日本原产伺服电动机有很多使用 110V 电压的情况，在订货时需要特别说明，尽量订购符合中国使用标准的产品。

2）选用有运动控制功能或运动控制模块的 PLC，要注意运动轴的数量需与 PLC 所能控制的轴的数量相符，数量不够用时可以加配运动控制卡。由于有时需要做闭环检测和精密运动检测，PLC 还需有一定数量的高速脉冲计数端口。

还需注意欧系（欧洲产）PLC、日系（日本产）PLC 的区别，编程风格有所不同，其公共端的极性也不相同。如欧系 PLC 的公共端大多为正极，而日系 PLC 的公共端为负极，注意其光敏开关、霍尔元件等公共端极性需与 PLC 一致。

3）选用具有宏指令编程功能的人机界面（触摸屏）产品。

现就一种三轴直线机器人的案例说明其设计过程（见图 3-1）。

2. 电路设计

1）在控制程序设计之前，必须首先进行电路设计，分配 I/O 接口，根据所控制伺服电动机的数量、其他执行单元的性质与数量、检测元件的性质与数量来设计电路。

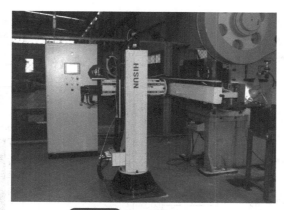

图 3-1　三轴直线机器人

设计电路要考虑 I/O 的冗余设计，留有一定的扩展空间。

图 3-2 是 PLC 线路图。图 3-3 是伺服电动机的接线图，此处只列出了一个伺服电动机的接线图样。

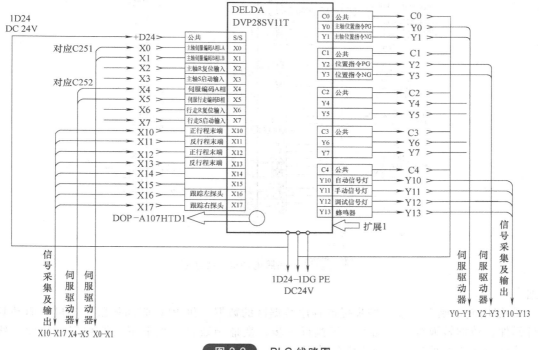

图 3-2　PLC 线路图

2）PLC 编程。首先按照机器人将要执行的工作顺序编制成顺序排列的数据表，这些数据称为配方，配方数据能使机器人不断地重复执行。这个配方数据可以人工输入，也可以示教输入——即人工手动示教机器人做一遍，就能得到完整的配方数据，然后机器人就能按照这些数据准确地重复执行了。

PLC 编程的步骤及注意事项如下：

① 在 PLC 的数据区选定一个区域，设为断电保存区，该区可以保存程序数据。例如设定 D4000～D10000 为停电保持数据区，用来存放程序数据。程序数据是配方数据上载到该区域的

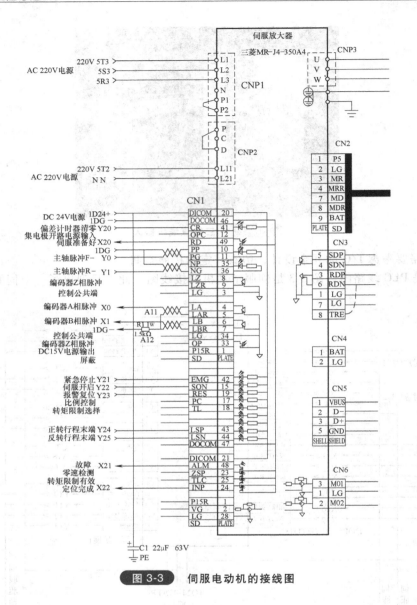

图 3-3　伺服电动机的接线图

数据。

② 使用变址函数寻址，按步提取程序数据区的数据，供 PLC 驱动伺服电动机，驱动其他执行元件，数据转换等执行动作。每执行一步，变址函数自动加上下一段数据的长度，然后据寻址地址及长度得到下一个步骤的数据。

③ 按步提取的数据组——对应执行对象，机器人完成该步所有动作，然后等待下一步数据组的到来。

④ PLC 每扫描一次需要 50～300ms 的时间，如果每一次扫描只执行一步，则机器人会出现停顿现象，感觉动作不连贯。为了解决这个问题，将一个完整步的 PLC 程序连接下一个完整步的程序，如此重复几次，就能在一个 PLC 扫描周期完成几个完整步的动作，如发那科的 PMC 控制程序就是在一次扫描周期执行 5 个完整步，基本解决了机器人短促停顿的问题。要一个 PLC 扫描周期完成 5 个完整步的动作，系统也要一次读出 5 步全部数据供 PLC 连贯地执行。

⑤ PLC 的程序主要是与 I/O 有关的执行程序，除此以外产生配方的示教程序，产生语句的用户二次编程的画面程序，部分数据的逻辑计算、转换等由人机界面的宏指令完成。

下面给出三轴直线机器人 PLC 程序的几个关键片段。

① 图 3-4 所示为"步"执行程序的程序片段，其中"E3"是变址函数。

该步完成后"E3"变成"E4"，直至在这个扫描周期完成 5 步的数据执行。

寻址方式：如图 3-4 "D4006E3"所示，当"E3"被"步"累进到值"1100"，即 E3 = 1100，则 D4006E3 = D(4006+1100) = D5106，表示该次执行 D5106 存储单元的数据，而 D5106 单元的数据是配方早先给定的。

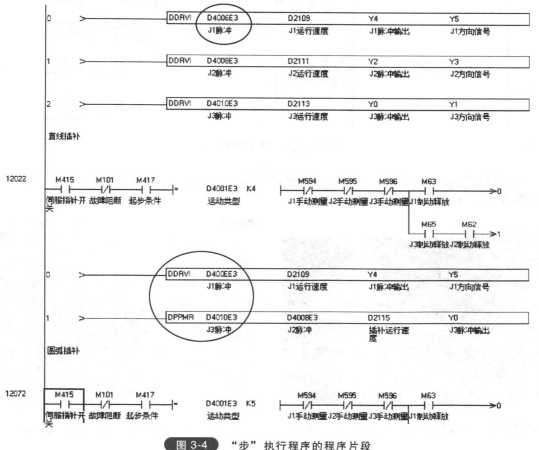

图 3-4　"步"执行程序的程序片段

DPPMR—直线插补指令　DDRVI—相对位置定位指令

② 图 3-5 所示程序完成了"步"程序执行后马上进行变址。图 3-5 中的"E3"在该步完成后数值累加了 40 长度（指向）发生了改变。

3）人机界面的编程。

① 画面的组态编辑。图 3-6 所示为三轴直线机器人控制器的开机画面，用触摸屏供应商提供的软件，设计组态所需的画面。

图 3-7 所示为用户二次编程的语句及示教画面。用户二次编程语句的产生与显示由宏指令编写产生，经过示教过产生程序所需的配方数据，保存在人机的配方数据区。配方数据区可以保存多达 30 个以上的不同的配方数据，以供调用。调用的配方数据被转移到 PLC 的数据区供 PLC 使用。

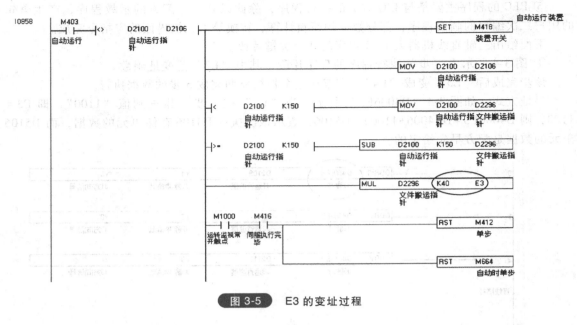

图 3-5　E3 的变址过程

示教进行时需要调用 PLC 程序，使手臂运行到需要的位置，同时其他执行元件的动作信号被保存到配方区，这就是示教。

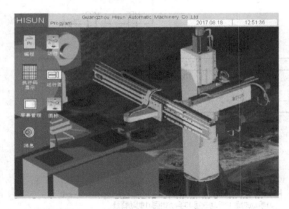

图 3-6　三轴直线机器人控制器的开机画面

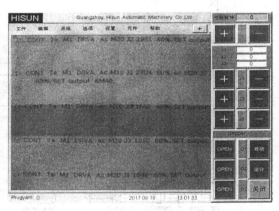

图 3-7　用户二次编程的语句及示教画面

② 宏指令是一种改良的 C 语言程序，各机器人产品使用的宏指令稍有不同。宏指令提供的逻辑计算功能、画面控制功能、内部数据管理功能使人机界面更为友好。

图 3-8 所示为一组显示程序语句的宏指令。宏指令决定数据的计算、数据逻辑关系和数据的流向。

控制电路、PLC 编程、人机界面的画面组态及宏指令三者结合就能重组一个机器人的控制软件系统。根据电气系统对控制的要求和设计者的风格，可以编辑出各种风格的机器人控制软件。

3.2.2　采用 PLC + 嵌入式触摸屏和组态软件编程

用嵌入式触摸屏代替人机界面，使用组态软件来编辑嵌入式触摸屏的画面及脚本文件，

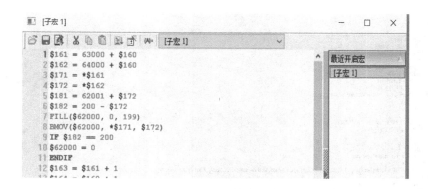

图 3-8 显示程序语句的宏指令

通过与各被控制单元相互兼容的通信协议，可以将更多的执行单元、检测单元、系统外的数据库组合在一个系统内，发挥更加强大的功能。这也是采用嵌入式触摸屏与采用一般的人机界面的区别。

下面的实例是采用嵌入式昆仑通态触摸屏和 MCGSE 嵌入式组态软件编辑的机器人控制系统，定制的触摸屏和外壳做成手持式示教器（见图3-9）。

由 PLC+嵌入式触摸屏组成的机器人控制系统，除了将人机界面换成嵌入式触摸屏外，其他不用改变，PLC 程序基本不变。用组态软件的脚本编辑代替宏指令编辑，脚本编辑所采用的编程语言也是一种 C 语言的改良版（见图 3-10）。

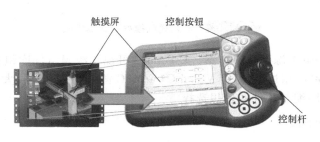

图 3-9 示教器结构图

3.2.3 采用工业 PC+ PLC 的编程与控制

用 PC 机作为上位机可以控制一个复杂的系统，将几个单独的作业系统用上位机组态在一个大的系统内，用 PC 机监视和控制这个系统内的所有控制单元，这就是上位机监控，用以太网通信可以实现远程监控，如图 3-11 所示。当然上位机也可以直接控制单个工业机器人系统，省去人机界面触摸屏，用 PC 机直接控制。虽然可以做成这样的控制系统，但实际使用的并不多。

采用上位机直接控制机器人系统如图 3-12 所示，可以发挥采用嵌入式触摸屏几乎同等的功能，只是将 PC 机完全替换了嵌入式触摸屏，PLC 的软硬件都不用变化，几乎完全相同，采用的组态软件是通用型组态软件。

组态软件是指一些数据采集与过程控制的专用软件，目前常用的组态软件有组态王、昆仑通态、三维力控、易控、紫金桥、浙大中控 JX-300XP、西门子的 WINCC、VB（直接编写上位机程序）、E-Form++组态源码解决方案等。

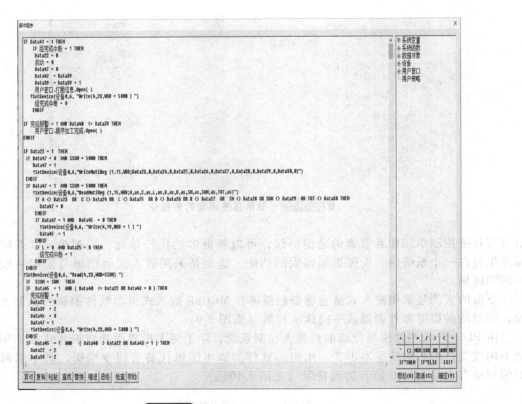

图 3-10　嵌入式触摸屏的脚本编辑

特别是 E-Form++组态源码解决方案，E-Form++可视化源码组件库组态软件解决方案，这些解决方案提供了 100% 超过 50 万行 Visual C++/MFC 源代码，可节省大量的开发时间，也是嵌入式触摸屏底层程序编制软件的理想选择。

图 3-11　用以太网通信实现远程监控

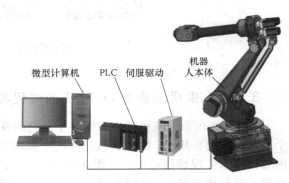

图 3-12　PC+PLC 机器人控制系统

采用上位机控制的另一个优点是可以采用开放式数据库，如应用动态数据交换（Dynamic Daea Exchange，DDE）的技术，将 Excel 通用数据库的数据通过 PDE 连接，直接为上位机控制系统使用，可实现远程配方数据上传。它的意义在于在远程控制下，通过数据库远程上传控制多个子系统的控制数据和运行数据的更换，快速实现生产线产品的转换，是实现其柔性化生产及无人化生产的手段之一（见图 3-13）。

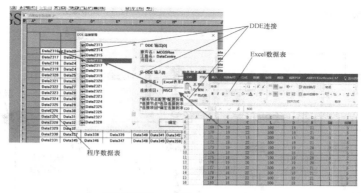

图 3-13 DDE 数据连接技术

3.3 成套机器人控制系统

3.2 节介绍了自制机器人的控制系统组成，以及硬件和编程软件的选择，本节介绍成套提供的进口和国产两种机器人控制系统——KEBA 机器人控制系统和卡诺普机器人控制系统。

3.3.1 KEBA 机器人控制系统

KEBA 工业自动化公司总部位于奥地利林茨（Linz）市。KEBA 机器人控制系统包括伺服驱动技术以及用户的二次开发。

图 3-14 所示是 KEBA 机器人控制系统的典型配置图，系统包括机器人控制器、伺服电动机及伺服驱动器，示教器、操作系统说明和控制电路接线图，下面分别加以说明。

1. 机器人控制器

机器人控制器具有基于 PLC 的开放式编程环境、3~32 轴的运动控制功能、通用可扩展的机器人指令集等组成的 KeMotion 机器人控制系统。

1）KeMotion r 系列运动控制器的 CPU 主频从 Motorola Power PC 400MHz 至 Intel PENTIUM M 1.4GHz 可选。

2）可灵活选择控制 3~32 轴不同应用类型的机器人。

3）提供丰富的扩展接口，包括 Ethernet、CanOpen、Sercos Ⅱ、Sercos Ⅲ、EtherCAT、Profibus、RS-232、RS-485、RS-422、SSI 等。

4）KeMotion 机器人控制系统集成了几乎覆盖所有结构类型的机器人数学模型，例如直线机器人、并联机器人、多关节机器人等。用户还可根据自己的需求自行搭建特殊机器人模型。

5）KeMotion 提供了离线模拟仿真系统，进行实况模拟。

6）KeMotion 支持通用视觉功能应用。

7）支持远程监控。

2. 伺服电动机及伺服驱动器

支持目前主流的机器人控制总线通信方式，通过 Sercos、EtherCAT、CanOpen 接口连接伺服电动机及伺服驱动器。

目前支持的伺服系统有博世力士乐（Sercos Ⅲ）、路斯特 LTI（CanOpen）、日本三洋（EtherCAT）、南京埃斯顿（EtherCAT）、北京清能德创（EtherCAT）等。

3. 示教器

示教器的移动式终端见图 3-15。

4. KEBA 机器人操作系统架构

KEBA 机器人控制系统架构如图 3-16 所示。

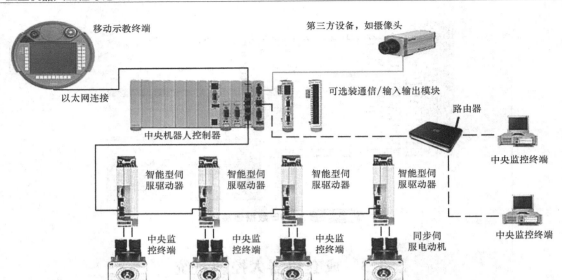

图 3-14　KEBA 机器人控制系统的典型配置图

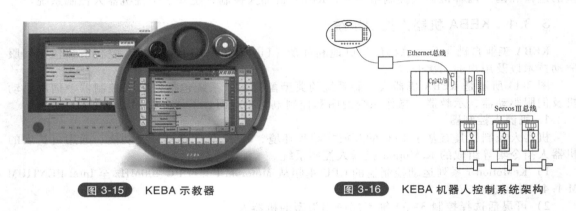

图 3-15　KEBA 示教器

图 3-16　KEBA 机器人控制系统架构

5. KEBA 机器人操作系统控制电路接线图

KEBA 机器人操作系统控制电路接线图参考 KEBA 机器人电气相关资料。

3.3.2　卡诺普机器人控制系统

卡诺普机器人控制系统是成都卡诺普自动化控制技术有限公司开发的国产机器人控制系统，如图 3-17 所示。它有 4 轴、8 轴机器人控制系统，推出了 EtherCAT、RTEX 高速以太网总线机器人控制系统，已应用于广州启帆、乐伯特、统一智能等多家机器人本体的控制。

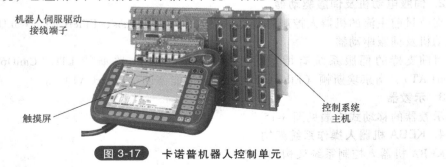

图 3-17　卡诺普机器人控制单元

1. 系统组成图

卡诺普机器人典型控制系统如图 3-18 和图 3-19 所示。

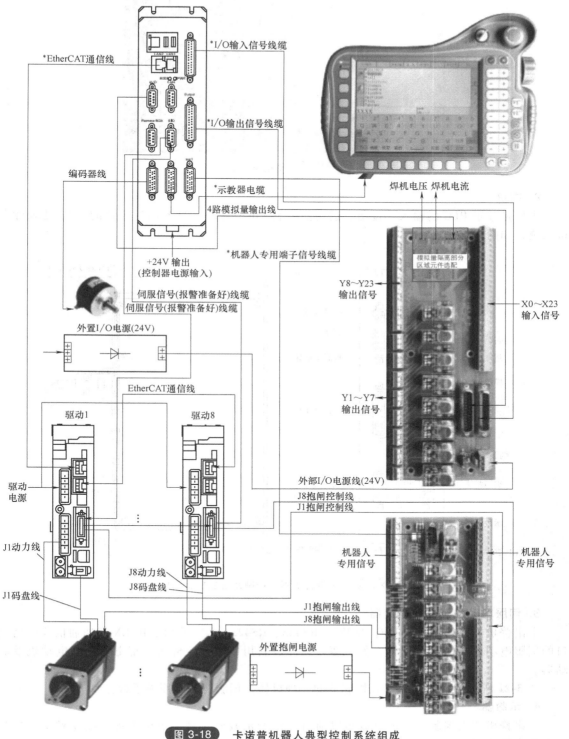

图 3-18 卡诺普机器人典型控制系统组成

图 3-19　卡诺普控制柜

2. 主机

主机是基于 PLC 的输入、输出、运动控制和 EtherCAT、RTEX 高速通信的 CPU 处理计算机系统，如图 3-20 所示。

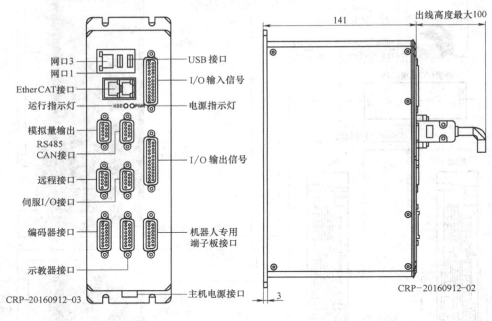

图 3-20　卡诺普机器人控制系统主机及端口

3. 伺服电动机及伺服驱动器

卡诺普机器人控制系统具有 RS232、RS485、RS422、EtherCAT、RTEX 高速通信等通信接口的伺服电动机与伺服驱动器，如三菱、三洋、安川、松下、台达、富士等伺服电动机及驱动器。

图 3-21 所示为卡诺普机器人控制器的一种机器人伺服驱动专用端子板。

4. 示教器

卡诺普机器人控制系统示教器与以前所介绍的示教器一样，由触摸屏、按钮键盘、控制杆和外壳等组成，如图 3-22 所示。

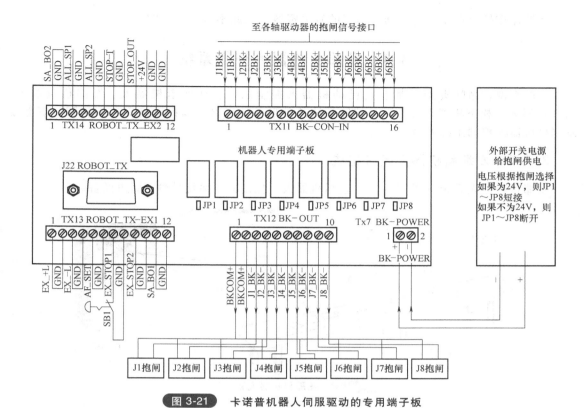

图 3-21 卡诺普机器人伺服驱动的专用端子板

1）示教器显示部分为 8in 的彩色显示屏加触摸面板，用于显示机器人操作界面并进行相应操作。

2）显示界面主要以三个大显示区（通用显示区、监视区、信息提示区）为主，另外四周分布主菜单、状态控制、坐标区、状态显示和子菜单。

3）三大显示区可以通过按键切换或者直接单击屏幕切换激活状态。当某一显示区被切换选中时，该区域背景会改变或者出现光标条。当显示区切换时，状态控制、坐标区和子菜单将发生变化。

通用显示区激活状态：程序列表时，显色蓝色光标条；程序打开时，背景为青色。监视区激活状态：背景为青色。信息提示区激活状态：显示蓝色光标条。

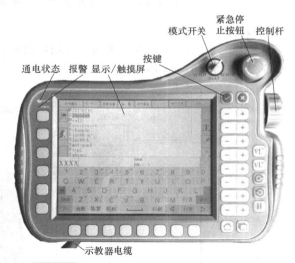

图 3-22 卡诺普机器人控制系统示教器结构

4）三大显示区中监视区可以关闭，当监视区显示时，通用显示区将自动缩为半幅显示；监视区关闭后，通用显示区自动放大为整幅显示。

5）主菜单只能通过单击屏幕才能操作。

6）状态控制区、坐标区、子菜单区可以通过屏幕外侧对应按键进行切换操作，或直接单击屏幕。

其他操作指令和设置需参阅卡诺普的有关资料，在此不做一一介绍。

3.4　发那科机器人控制系统

一般来说，品牌机器人都有自己的机器人控制系统，如库卡机器人、发那科机器人、ABB 机器人、松下机器人等，而且控制系统的外形设计风格、编程风格等各不相同。下面就发那科机器人控制系统做简单介绍。

3.4.1　发那科机器人系统组成

发那科机器人系统（见图 3-23）包括机器人、控制器、系统软件、周边设备。

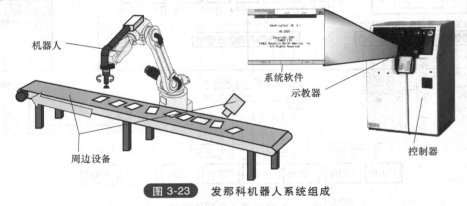

图 3-23　发那科机器人系统组成

3.4.2　发那科机器人控制系统——控制器与通信

1. 控制单元

（1）控制器的组成　以下所列是控制器的组成：

1）示教器（Teach Pendant，见图 3-24）。

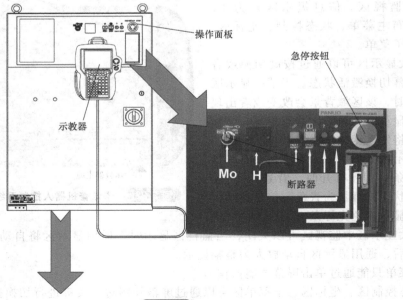

图 3-24　示教器

2）操作面板及其电路板（Operate Panel，见图3-25）。

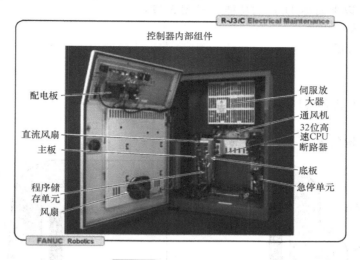

图 3-25 控制器电路板

3）主板（Main Board）。

4）主板电池（Battery）。

5）I/O板（I/O Board）。

6）电源供给单元（PSU，见图3-26）。

图 3-26 电源供给单元

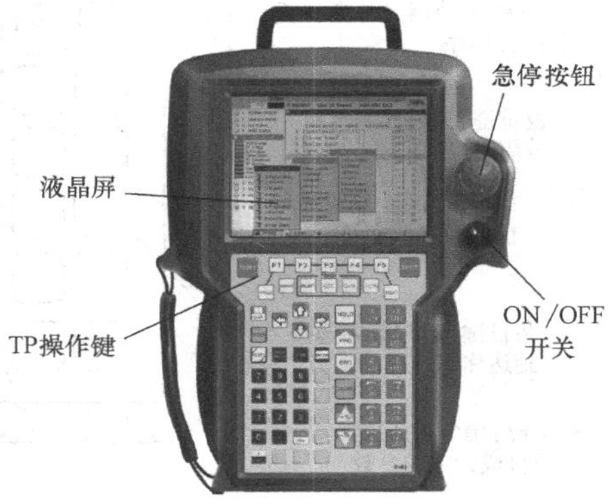

图 3-27 发那科示教器外形图

7）紧急停止单元（E-Stop Unit）。

8）伺服放大器（Servo Amplifier）。

9）变压器（Transformer）。

10）风扇单元（Fan Unit）。

11）断路器（Breaker）。

12）再生电阻（Regenerative Resistor）等。

（2）示教器的功能与按键

1）示教器（以下简称 TP）的功能（见图 3-27）。

① 移动机器人。

② 编写机器人程序。

③ 试运行程序。

④ 生产运行。

⑤ 查看机器人状态（I/O 设置，位置信息等）。

⑥ 手动运行。

2）示教器上键的内容（见图 3-28）。

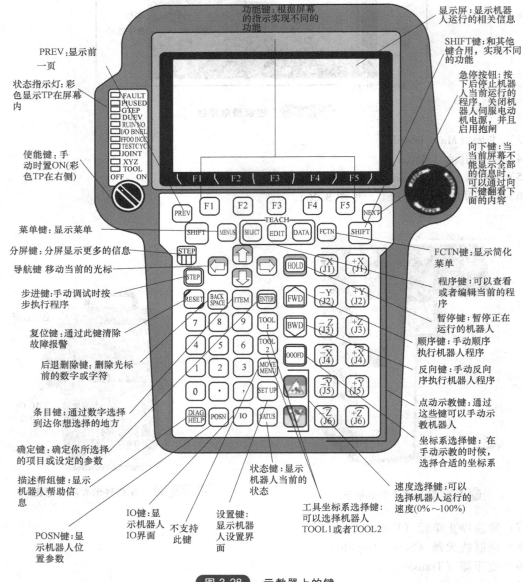

图 3-28　示教器上的键

3）TP 上的开关（见表 3-1）。

表 3-1　TP 上的开关

TP 开关	此开关控制 TP 有效/无效,当 TP 无效时,示教、编程、手动运行不能被使用
DEADMAN 开关	当 TP 有效时,只有 DEADMAN 开关被按下,机器人才能运动;一旦松开 DEADMAN 开关,机器人立即停止运动
急停按钮	此按钮被按下,机器人立即停止运动

4）TP 上的指示灯（见表 3-2）。

表 3-2　TP 上的指示灯

LED 指示灯	功　　能
FAULT	显示一个报警出现
HOLD	显示暂停键被按下
STEP	显示机器人在单步操作模式下
BUSY	显示机器人正在工作,或者程序被执行,或者打印机和软盘驱动器正在被操作
RUNNING	显示程序正在被执行
WELD ENBL	显示弧焊被允许
ARC ESTAB	显示弧焊正在进行中
DRY RUN	显示在测试操作模式下,使用干运行
JOINT	显示示教坐标系是关节坐标系
XYZ	显示示教坐标系是通用坐标系或用户坐标系
TOOL	显示示教坐标系是工具坐标系

5）TP 的显示屏（见图 3-29）。

① 液晶屏（16×40 行）。

② 显示各种 TOOL 的菜单（有所不同）。

③ Quick/Full 菜单（通过 FCTN 键选择）。

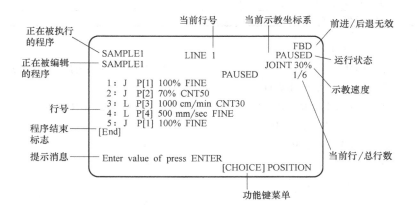

图 3-29　TP 显示屏

6）屏幕菜单和功能菜单。

① 屏幕菜单（菜单的功能说明见表 3-3）。

1 UTILITIES	1 SELECT
2 TEST CYCLE	2 EDIT
3 MANUAL FCTNS	3 DATA
4 ALARM	4 STATUS
5 I/O	5 POSITION
6 SETUP	6 SYSTEM
7 FILE	7
8	8
9 USER	9
0 ---NEXT---	0 ---NEXT---
Page 1	Page 2

MENUS

表 3-3　屏幕菜单

项目	功　　能
UTILITIES	显示提示
TEST CYCLE	为测试操作指定数据
MANUAL FCTNS	执行宏指令
ALARM	显示报警历史和详细信息
I/O	显示和手动设置输出,仿真输入/输出,分配信号
SETUP	设置系统
FILE	读取或存储文件
USER	显示用户信息
SELECT	列出和创建程序
EDIT	编辑和执行程序
DATA	显示寄存器、位置寄存器和堆码寄存器的值
STATUS	显示系统和弧焊状态
POSITION	显示机器人当前的位置
SYSTEM	设置系统变量

② 功能菜单（见表3-4）。

1 ABORT	1 QUICK/FULL MENUS
2 Disable FWD/BWD	2 SAVE
3 CHANGE GROUP	3 PRINT SCREEN
4 TOG SUB GROUP	4 PRINT
5 TOG WRIST JOG	5
6	6
7 RELEASE WAIT	7
8	8
9	9
0 ---NEXT---	0 --- NEXT---
Page 1	Page 2

FCTN

表 3-4 功能菜单

项目	功 能
ABORT	强制中断正在执行或暂停的程序
Disable FWD/BWD	使用 TP 执行程序时,选择 FWD/BWD 是否有效
CHANGE GROUP	改变组(只有多组被设置时才会显示)
TOG SUB GROUP	在机器人标准轴和附加轴之间选择示教对象
TOG WRIST JOG	
RELEASE WAIT	跳过正在执行的等待语句。当等待语句被释放时,执行中的程序立即被暂停在下一个等待语句处
QUICK/FULL MENUS	在快速菜单和完整菜单之间选择
SAVE	保存当前屏幕中相关的数据到软盘中
PRINT SCREEN	打印当前屏幕的数据
PRINT	打印当前屏幕的数据

③ 快捷菜单（见表 3-5）。

1 ALARM
2 UTILITIES
3 TEST CYCLE
4 DATA
5 MANAL FCTNS
6 I/O
7 STATUS
8 POSITION
9
0

表 3-5 快捷菜单

项目	功 能
ALARM	显示报警历史和详细信息
UTILITIES	显示提示
TEST CYCLE	为测试操作指定数据
DATA	显示寄存器、位置寄存器和堆码寄存器的值
MANAL FCTNS	执行宏指令
I/O	显示和手动设置输出,仿真输入/输出,分配信号
STATUS	显示系统状态
POSITION	显示机器人当前的位置

注意：①使用选择键可以显示选择程序的画面，但除了可以选择程序以外，其他功能都不能被使用。

②使用编辑键可以显示编辑程序的画面，但除了改变点的位置和速度值外，其他功能都不能使用。

2. 显示器和键盘

外接的显示器和键盘通过 RS-232C 与控制器相连，可以执行几乎所有的 TP 功能，和机器人操作相关的功能只能通过 TP 实现。

3. 通信

1）一个标准的 RS-232C 接口（外部），两个可选的 RS-232C 接口（内部）。

2）一个标准的 RJ45 网络接口。

4. 输入/输出（I/O）

1）输入/输出信号包括：

① 外部输入/输出（UI/UO）。

② 操作者面板输入/输出（SI/SO）。

③ 机器人输入/输出（RI/RO）。

④ 数字输入/输出［DI/DO（512/512）］。

⑤ 输入/输出（GI/GO）（0~32767，最多 16 位）。

⑥ 模拟输入/输出（AI/AO）（0~16383，15 位数字值）。

2）输入/输出设备有以下三种类型：

① Model A。

② Model B。

③ Process I/O PC 板，其中 Process I/O 板可使用的信号线数最多，最多有 512 个。

5. 外部 I/O

外部信号发送和接收来自远端控制器或周边设备的信号，可以执行以下功能：

1）选择程序。

2）开始和停止程序。

3）从报警状态中恢复系统。

4）其他。

6. 机器人的运动

1）R-J3/R-J3iB 控制器最多能控制 16 根轴，最多可控制 3 个组，每个组最多可以控制 9 根轴。每个组的操作是相互独立的。

2）机器人根据 TP 示教或程序中的运动指令进行移动。

3）TP 示教时，机器人的运动基于当前坐标系和示教速度。

4）执行程序时，机器人的运动基于位置信息、运动方式、速度、终止方式等。

7. 急停设备

1）两个急停按钮（一个位于操作箱面板，另一个位于 TP 面板）。

2）外部急停（输入信号），外部急停的输入端位于控制器或操作箱内。

8. 附加轴

每个组最多可以有 3 根附加轴（除了机器人的 6 根轴）。附加轴有以下两种类型：

（1）外部轴　控制时与机器人的运动无关，只能在组外运动。

（2）内部轴　直线运动或圆弧运动时，和机器人一起控制。

3.4.3 发那科机器人控制系统——应用软件工具包

（1）Handling Tool　用于搬运。

（2）Arc Tool　用于弧焊。

（3）Spot Tool　用于点焊。

（4）Dispense Tool　用于布胶。

（5）Paint Tool　用于涂装。

（6）Laser Tool　用于激光焊接和切割。

习　题

1. 如果自研机器人，有哪几种控制系统和控制方法可供选择？请说明各自的优缺点。

2. 请说明嵌入式触摸屏 + PLC 控制系统与上位机 + PLC 控制系统的区别。

3. 请说明 DDE 数据连接技术对柔性化自动生产线的作用。

4. 请用你学过的 PLC 软件（三菱、欧姆龙、西门子、台达等都可），编一段伺服运动的程序，程序内容包括：加减速设置、单轴直线运动、双轴直线差补运动、双轴圆弧差补运动、三轴螺旋差补运动，有些 PLC 不支持三轴螺旋差补运动除外。

5. 请用你学过的 PLC 软件，编一段简单的变址寻址递进运行程序。

6. 国产组态软件有哪些？补齐书中没有介绍的部分。选择你想学的那些组态件，简单说明选择理由。

项目4

工业机器人感知系统

4.1 概　　述

工业机器人只有在明确知道工作对象的位置及姿态时，才能准确无误地进行工作。要使机器人知道其工作对象的位置和姿态，有两个办法：

1）预先对工作对象进行规整，使之处于规定的位置和姿态。要知道工作对象已就位，还必须借助感知元件，通知机器人。这些感知元件有编码器、光敏开关、霍尔元件、接近开关、超声波元件、激光开关元件、激光测距元件、光栅、触觉传感元件、行程开关等元件。

2）机器人视觉系统有两种：一种是平面照相识别，检测物体在平面内的位置及在平面的姿态；另一种是多维激光扫描，检测物体在空间的位置及在空间的姿态。

对于可以规整的物体，一般选择相对成本低廉的规整机对物体进行规整，再让机器人进行后续的工作，这样，机器人系统的组成成本较低、效率较高、可靠性较好。只有无法对物体进行规整处理，或者规整的成本高，规整动作复杂不可靠等情况，才考虑采用视觉识别选择视觉系统进行处理。

有时，因为柔性生产的需要，尤其是更换产品需要对多个物体进行规整，技术上难度过大，或者可靠性不高，这时采用视觉系统来满足机器人对产品定位的要求。

自机器人诞生以来，为了使机器人具有自主的对外界的感知，发明了很多感知元件，具体包括：

1）力觉传感器，如腕力传感器等。

2）位移传感器，如电阻式位移传感器、电容式位移传感器、电感式位移传感器、光栅尺、霍尔元件位移传感器、磁栅式位移传感器以及机械式位移传感器等。

3）角度传感器，如回转编码器、电阻式回转传感器等。

4）触觉传感器，如机械接触传感器、微动开关、限位开关等。

5）压觉传感器，如压电元件压觉传感器、弹簧阵列导电橡胶压觉传感器等。

6）滑觉传感器，如机械阻尼滑觉传感器等。

7）距离传感器，如超声波距离检测传感器、激光测距传感器等。

8）接近觉传感器，如电感应式接近觉传感器、电容式接近觉传感器、超声波接近觉传感器、光接近觉传感器、红外反射式接近觉传感器、霍尔开关等。

9）听觉传感器，如麦克风等。

10）到达传感器，如光敏开关、光纤放大器、光幕、干簧管、行程开关等。

11）运动传感器，如旋转探测器（零速开关）等。

对于工业机器人，工作场所和环境相对固定，所以有些感知元件没有使用的必要，可以节省。有些感知元件不一定装在机器人本体上，为了简化系统，便于安装，一些必要的感知元件装在机器人系统的适当位置，如规整机上安装的光敏开关、输送小车上的激光测距仪、激光扫描仪、装在手爪上的超声波测距仪、用于焊接焊缝导航的接触电位检测仪、装在机器人本体上的限制极限位置的检测开关（如霍尔开关、接近开关）等。

本书只对工业机器人常用的一些感知元件进行介绍。

4.2　力觉传感器

工业机器人的力觉传感器主要用于防止机器人在工作过程中发生过载，或者发生意外碰撞能及时得到信号或立即做停机处理，以免损坏机器人或发生人体伤害事故。

工业机器人及时感知过载有两种途径：一种是调整驱动机器人手臂的伺服电动机的过载保护值，使之在过载时做应急处理；另一种是在线随时感知装在手腕上的腕力传感器的腕力。现在大部分工业机器人省去了腕力传感器。

力觉传感器所感觉的力不是一维的，而是多维的作用力。用于力觉传感器的敏感元件主要是应变片，应用最为广泛。

力觉传感器按其所在位置的不同可分为三种形式，即关节力传感器、腕力传感器、支座传感器。在此介绍一种机器人腕力传感器。

图 4-1 所示为一种筒式六自由度腕力传感器，主体呈圆筒状，外侧有八根梁支承，其中四根为水平梁，四根为垂直梁。水平梁的应变片贴于上、下两侧。

应变片所受到的应变量分别为 Q_{x+}、Q_{y+}、Q_{x-}、Q_{y-}，而垂直梁的应变片贴于左、右两侧。从图 4-1 所标出的悬臂开始，设各应变片所受到的应变量分别为 P_{x+}、P_{y+}、P_{x+}、P_{y-}，那么，施加于传感器的力，以及 x、y、z 方向的转矩 M_x、M_y、M_z 可以用下列关系式计算，即

$$\begin{cases} F_x = K_1(P_{y+} + P_{y-}) \\ F_y = K_2(P_{x+} + P_{x-}) \\ F_z = K_3(Q_{x+} + Q_{x-} + Q_{y+} + Q_{y-}) \\ M_x = K_4(Q_{y+} - Q_{y-}) \\ M_y = K_5(-Q_{x+} - Q_{x-}) \\ M_z = K_6(P_{x+} - P_{x-} - P_{y+} + P_{y-}) \end{cases}$$

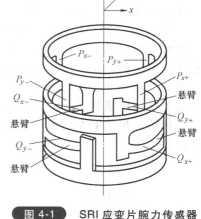

图 4-1　SRI 应变片腕力传感器

设各式中 K_1、K_2、K_3、K_4、K_5、K_6 为比例系数，它们与各根梁所贴应变片的应变灵敏度有关，应变量由粘贴在每根梁两侧的应变片构成的半桥电路测量。

4.3　角度传感器

应用最多的角度传感器是旋转编码器。旋转编码器又称转轴编码器和回转编码器等，它把作为连续输入的轴的旋转角度同时进行离散化（样本化）和量化处理后予以输出。光学编码器是一种应用广泛的角位移传感器，其分辨率完全能满足机器人技术要求。这种非接触型

传感器可分为绝对型和增量型。

图 4-2 所示为光学式绝对型旋转编码器，在输入轴上的旋转透明圆盘上，设置同心圆状的环带，对环带上的角度实施二进制编码，并将不透明条纹印刷到环带上。

绝对型旋转编码器的应用场合，可以用一个传感器检测角度和角速度。因为这种编码器的输出，表示的是旋转角度的现时值，所以若对单位时间前的值进行记忆，并取它与现时值之间的差值，就可以求得角速度。

若设绝对型编码器右旋方向为正增量值，则左旋方向为负增量值。在右旋的角度值与左旋的角度值严格相等时，编码器显示的值因正负相减而维持不变。利用这点，机器人可以做到位置的多次重复精确定位。

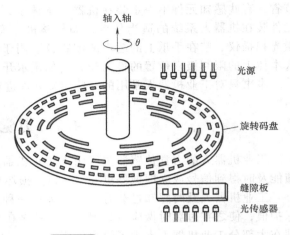

图 4-2 光学式绝对型旋转编码器

光学式增量型旋转编码器如图 4-3 所示，在旋转圆盘上设置一条环带，将环带沿圆周方向等分，并用不透明的条纹印刷到上面。把圆盘置于光线的照射下，透过去的光线用一个光传感器（A）进行判读。因为圆盘每转过一定角度，光传感器的输出电压在 H（High Level）与 L（Low Level）交替地进行转换，所以当把这个转换次数用计数器进行统计时，就能够知道旋转过的角度。

由于这种方法不论是顺时针方向（CW）旋转，还是逆时针方向（CCW）旋转，都同样地会在 H 与 L 之间交替转换，所以不能得到旋转方向。

增量编码器无论是正转还是反转，编码器的显示值都在增加。若正转的角度与左旋的角度相等，编码器显示的值是 2 倍叠加。

因此，从一个条纹到下一个条纹可以作为一个周期，在相对于传感器（A）移动 1/4 周期的位置上增加传感器（B），并提取输出量 B。于是，输出量 A 的时域波形与输出量 B 的时域波形在相位上相差 1/4 周期，如图 4-4 所示。图 4-5 是增量型编码器结构图，图 4-6 是增量型编码器外形图。

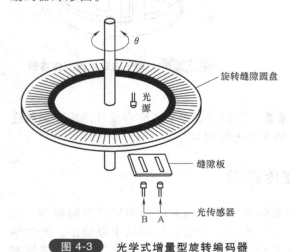

图 4-3 光学式增量型旋转编码器

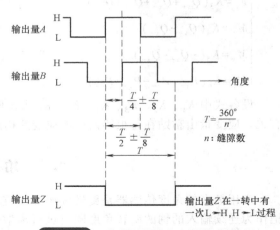

图 4-4 增量型旋转编码器输出波形

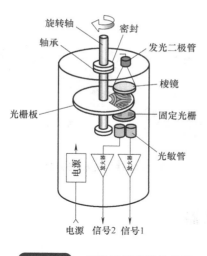

图 4-5　增量型编码器结构图

图 4-6　增量型编码器外形图

4.4　位移传感器

光栅尺主要用于直线运动的精确测量，如物体的精确直线定位。图 4-7 所示是光栅尺的工作原理图。光栅尺采用绝对编码方式。

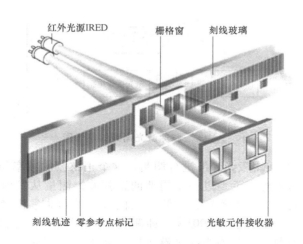

图 4-7　光栅尺工作原理图

直线光栅尺采用红外线衍射透过刻线玻璃产生信号，其中刻线玻璃是固定不动的，当移动连接有光源、栅格窗和光敏元件的移动传感部件时，光栅尺进行距离测量。光栅尺的长度按需要选择，测量的长度大小不影响测量精度，在允许的移动速度范围内，也不影响其测量精度。图 4-8、图 4-9 是光栅尺的零件及实物外形。

1）光栅分辨率可达 0.02mm。

2）光栅移动部件的移动速度大于 60m/min。

3）光栅制作长度最长可达 100m。

图 4-8　光栅尺的固定端栅格

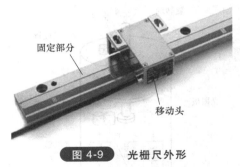

固定部分

移动头

图 4-9　光栅尺外形

4.5　距离传感器

4.5.1　激光检测

1. 激光测距原理

目前激光测距主要有以下三种方法：

1）测量发射的激光从发射到接收所走过的时间，然后乘以光速，得到距离值。由于光速为 299792km/s，要精确测量一个相对地较短的距离光所走过的时间，困难较大。如 10m 距离内光波从发射到接收小于 3ns，所以这种方法所得到的测量结果误差较大。图 4-10 是脉冲激光测距的原理图。

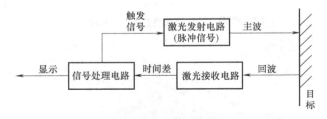

图 4-10　脉冲激光测距的原理图

2）将一定频率的正弦波用激光光波进行调制，这个正弦波的频率与所测距离有关，一般将正弦波频率调制到所测距离小于走过一个周期的正弦波；测量从发射到接收调制正弦波的相位差，则能精确算出其距离。因鉴别正弦波的相位差能做到非常精确，那么就能计算出相对精确的距离值。其测量精度可达 ±0.001%，即测量 100m 的距离，误差为 1mm。图 4-11 是正弦调整波激光测距原理图。当所测距离足够远时，如飞行距离测量、月球距离测量，特别是变化中的长距离测量，不能确定选用恰当的调制波长，采用第一种方法测距。

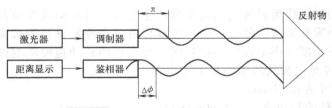

图 4-11　正弦调整波激光测距原理图

需要精确测量，能确定选用适当波长调制频率时，采用第二种方法测距。

3）综合前两种方法，用第一种测量方法做粗测，用第二种测量方法做精细补充测量。粗测的方法可以得到周期大于1的调制周波的粗测距离，精细补充得到调制周波相位差的精细补充距离，然后两者相加则得到精确的距离值。

2. 激光扫描仪

激光检测有以下三种工作方式：

（1）一维激光检测　即定点测距方式，前面所介绍的内容即为定点测距方式。图 4-12 是一种一维激光测距仪外形图。

图 4-12　一种工业激光测距仪外形图

一维激光检测有以下用途：①定点激光测距；②有轨小车的距离导航；③物体的接近指示等。

（2）二维激光扫描仪　面扫描（有限点）测距方式，所有回转激光扫描点围绕一个 360°平面内进行。扫描速率为 2000~10000 点/s，回转扫描一周的时间可以设定。图 4-13 是二维激光扫描仪工作原理图，图 4-14 是一种二维激光扫描仪外形图。

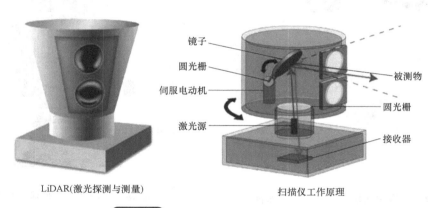

LiDAR（激光探测与测量）　　　扫描仪工作原理

图 4-13　二维激光扫描仪工作原理图

图 4-14　二维激光扫描仪外形图

二维激光扫描仪具有以下用途：

1）引入扫描的角度值即可对工件某一截面的尺寸进行测量。

2）二维码扫描识别。

3）工件指定位置的状态检测（有、无偏移距离）。

4）只对特定的反射点信号起作用，引入二维扫描仪的扫描角度可算出特定反射点的位置进行位置确定，利用这一点可对无轨小车进行导航。为了避免扫描死角和不确定因素的阻挡，一般设两个以上的扫描仪进行测量，互为补充（见 6.4.4 输送小车的导航）。

（3）三维激光扫描仪　空间扫描（有限点）测距方式，对一个选定的方向做 360°的回转扫描，扫描信号作用于这个方向的三维空间。同样扫描速率为 2000～10000 点/s，扫描旋转一周的时间可以设定。

图 4-15、图 4-16 为三维激光扫描仪外形图，其用途如下：

1）采用结构光测量的三角测量原理，对照参考模板，对被测物体进行识别，进行空间和姿态定位（详见 4.10.2 机器视觉-结构光测量之三角测量原理）。

2）二维码扫描识别。

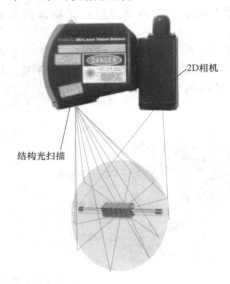

图 4-15　三维激光视觉扫描仪（发那科）

图 4-16　三维激光扫描仪（瑞士徕卡）

3. 激光位移传感器

激光位移传感器通过激光测量能感知物体细微的位置变化和位置移动，是检测精密物件的工具，如高精密仪器的装配、精密印制电路、精密金属加工跳动的检测等。

由于具有快速反应的检测功能，可以用作精密的速度检测和加速度检测。图 4-17 是激光位移传感器外形图。

图 4-18、图 4-19 所示分别为激光位移传感器原理图和结构图。

（1）测量原理　采用结构光三角形测量法检测 RS-CMOS 反射光的位置。通过检测变化就能检测目标物的位置。

（2）位移传感器的基本参数

1）测量范围为 0.5～150mm。

2）再现分辨率为 0.005～0.25μm。

3）检测精度为 0.02%。

4）快速检测频率为 392kHz。

图 4-17　激光位移传感器
外形图（基恩士）

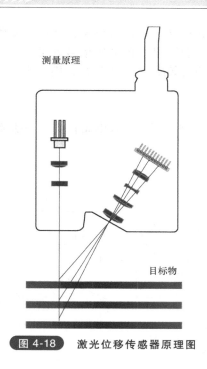

图 4-18 激光位移传感器原理图

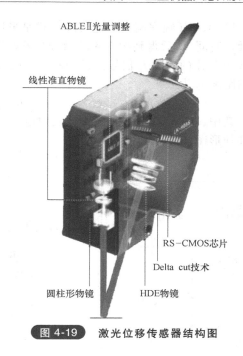

图 4-19 激光位移传感器结构图

4.5.2 超声波距离传感器

超声波距离传感器是由发射器和接收器构成的，图 4-20 为超声波测距原理图，图 4-21 为超声波元件结构图。几乎所有超声波距离传感器的发射器和接收器都是利用压电效应制成的。其中，发射器是利用给压电晶体加一个外加电场时，晶片将产生应变（压电逆效应）这一原理制成的；接收器的原理是，当给晶片加一个外力使其变形时，在晶体的两面会产生与应变量相当的电荷（压电正效应），若应变方向相反，则产生电荷的极性反向。

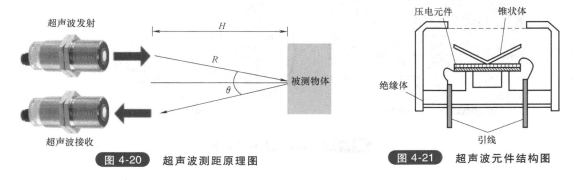

图 4-20 超声波测距原理图

图 4-21 超声波元件结构图

超声波距离传感器的检测方式有脉冲回波式和 FW-CW（频率调剂、连续波）式两种。

在脉冲回波式中，先将超声波用脉冲调制后发射，根据经被测物体反射回来的回波延迟时间 Δt，计算出被测物体的距离 R，假设空气中的声速为 v，则被测物与传感器间的距离 R 为

$$R = v\Delta t/2$$

如果空气温度为 $T(℃)$，则声速 v 可由下式求得

$$v = 331.5 + 0.607T$$

FW-CW（频率调剂、连续波）式是采用连续波对超声波信号进行调制，将由被测物体反射延迟时间 Δt 后得到的接收波信号与发射波信号相乘，仅取其中的低频信号就可以得到与距离 R 成正比的差频 f_r 信号。设调制信号的频率为 f_m，调制频率的带宽为 Δf，则可求得被测物体的距离 R 为

$$R = f_r v / (4 f_m \Delta f)$$

其中，图 4-22 是一种超声波发射电路；图 4-23 是一种超声波接收电路；图 4-24 是超声波元件外形图。

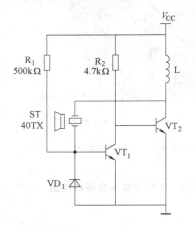

图 4-22 晶体管 2SC9013 组成的超声波发射电路

图 4-23 超声波接收电路

超声波的测距精度较低，一般为距离的 ±0.5% 左右，即测距 1000mm，误差为 ±5mm。

图 4-24 超声波元件外形图

4.6 接近传感器

4.6.1 接近开关

这里讲的接近开关是通过振荡回路而工作的，由于外在物体的接近，此时振荡回路的振动频率发生改变而接通。这个物体可以是任何材质的固体，如金属、非金属等；或者任何材质的液态，如水、化学液体等。

图 4-25 是一种接近开关的电路图，图 4-26 是接近开关的外形图。

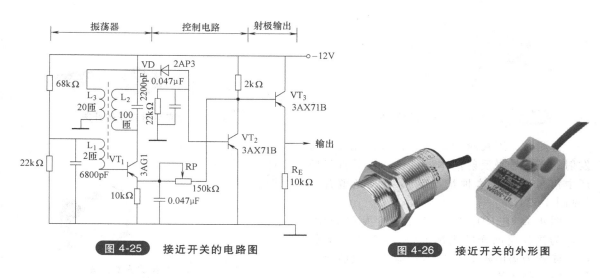

图 4-25 接近开关的电路图　　　　　　**图 4-26** 接近开关的外形图

4.6.2　霍尔开关

美国物理学家霍尔（Edwin Herbert，Hall 1855—1938）于 1879 年在实验中发现，当电流垂直于外磁场通过导体时，在导体垂直于磁场和电流方向的两个端面之间会出现电势差，这一现象便是霍尔效应。这个电势差也被称为霍尔电势差。

霍尔开关主要用于探测导磁物体的接近，抗干扰能力强，导磁物体的探测灵敏度高，霍尔开关的探测距离为 0~10mm。图 4-27 为霍尔开关的电路图；图 4-28 为霍尔开关的实物外形图。

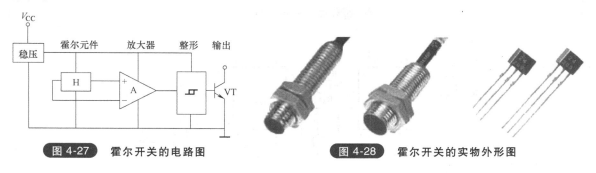

图 4-27 霍尔开关的电路图　　　　　　**图 4-28** 霍尔开关的实物外形图

4.7　位置传感器

4.7.1　光敏开关

光敏开关在工业机器人系统中是应用最广泛的一种接近感应器。

光敏开关首先由发光二极管发出可见光、红外光或激光。在检测时，光敏元件组本身的硅光敏二极管、硅光敏晶体管将光信号转变为电信号。由光敏元件组成的光敏开关体积小，寿命长，抗干扰能力强，具有无触点输入和输出等优点。

检测时，因被检测物体阻挡了发光二极管的光信号而产生信号中断，这种情况为对射式光敏开关或者反射式光敏开关。

对射式光敏开关如图 4-29 和图 4-30 所示，反射式光敏开关如图 4-31 所示。

图 4-29　槽型对射式光敏开关

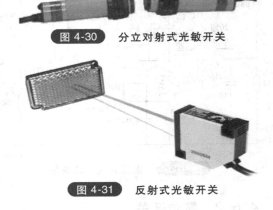

图 4-30　分立对射式光敏开关

图 4-31　反射式光敏开关

检测时，因被测物体到达，将发光二极管发射的光信号漫反射回本器件被光敏元件接收产生信号转换，这种情况为漫射式光敏开关（见图 4-32）。

图 4-33 中 HD_1 为发光二极管发射光源，HD_2 为接收返回光的光敏元件，J 为继电器输出。或者为集电极开路晶体管输出，接收到光信号时，晶体管电路导通。

图 4-32　漫射式光敏开关

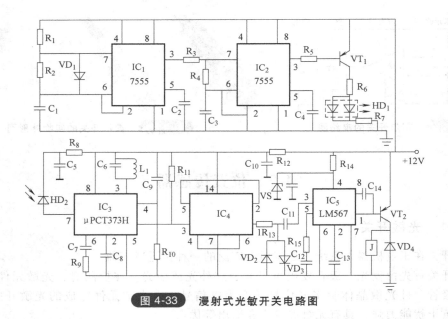

图 4-33　漫射式光敏开关电路图

4.7.2　光纤放大器

光纤放大器是光敏开关的一种特殊形式，只是光的回路由光纤导向至需要检测的工作位置，包括发射光路和检测光回路都由光纤来导通。由于光纤可以做得较细而且易于转弯，所以便于在复杂狭窄的环境进行检测，特别适合于有水、潮湿等的恶劣环境。由于光纤可以做得较长，可以将光纤放大器集中布放在控制柜内（见图4-34、图4-35）。

光纤发射与接收的两个端点摆放比光敏开关更为方便，所以也可做成对射式与漫射式两种应用方式（见图4-36、图4-37）。

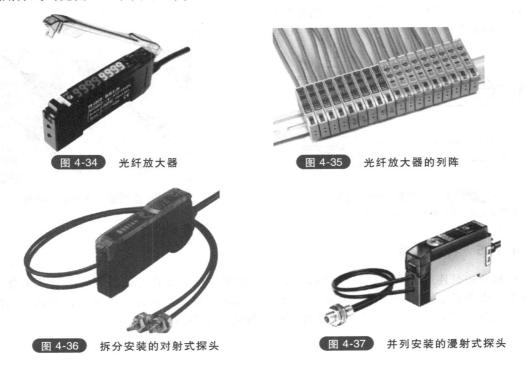

图 4-34   光纤放大器

图 4-35   光纤放大器的列阵

图 4-36   拆分安装的对射式探头

图 4-37   并列安装的漫射式探头

4.7.3　光幕

光幕实际上是无数个对射式的光敏开关的组合体。当光幕垂直安装时，可以用作安全围栏；当人体或无关物体的一部分撞入由光幕组成的警戒区时，触发安全动作，如紧急停机等。可用作工业机器人的安全警戒围栏如图4-38所示，有时习惯上把这种光幕称为光栅。

当光幕水平安装时，可对姿态各异、时间间隔不定、数量无规律、空间位置随意的不确定的坠落物体进行监控计数，满足设定要求时触发机器动作，如机器人开始分拣、视觉触发、抓取动作等（见图4-39）。

图 4-38   机器人光幕安全围栏

图 4-39   光幕计数

4.7.4 干簧管

干簧管与霍尔元件的最大不同是，霍尔元件的工作介质是导磁物质，如铁、镍等金属物体；而干簧管只有在磁场的作用下才能接通，如磁铁、通电产生磁场的线圈等。

干簧管的触点密封在充满惰性气体的玻璃管内，在磁场的作用下吸合接通。由于有惰性气体的保护，触点不易被氧化，触点的寿命长过一般的接触器。

图4-40是干簧管工作原理图，图4-41是干簧管实物图。

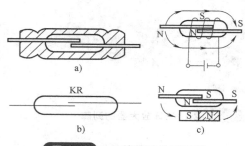

图4-40　干簧管工作原理图
a）实物剖切图　b）符号原理图　c）磁场作用状态

图4-41　干簧管实物图

4.7.5 行程开关

行程开关是使用最广的位置传感器，是通过物体接触而动作的。行程开关使用方便、控制简单，由普通电路即可控制，无需PLC等复杂的控制单元，而且成本低廉，所以一直深受欢迎（见图4-42）。行程开关的形式多种多样，能适应于不同的场合。

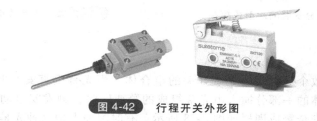

图4-42　行程开关外形图

4.8　运动传感器

转速探测器（零速开关）用于探测物体的运动，包括直线运动和旋转运动，特别适合旋转运动的探测，所以又称转速探测器，只需在轴、轮的检测处人为制造"金属凸起"或安装"金属检测片"，将旋转探测器靠近检测处安装即可。当被传动轴、轮转动、旋转探测器检测到变化的"旋转脉冲"时，呈现"接通"状态。当设备发生故障时，旋转探测器检测不到"旋转脉冲"的时间超过"停转信号滞后时间"时，呈现"断开"状态。电感探头用铁质材料做检测体；霍尔探头用磁钢的S极做检测体（见图4-43）。

图4-43　零速开关外形图

1）触发转速<8r/min。

2）旋转探测器检测距离为1~15mm。

4.9　工业机器人二维视觉检测系统

1. 机器视觉系统的工作过程

图 4-44 是一个视觉识别机器人装盒系统，一个完整的机器视觉系统的工作过程如下：

1）工件定位检测器探测到物体已经运动至接近摄像系统的视野中心，向图像采集部分发送触发脉冲。

2）图像采集部分按照事先设定的程序和延时，分别向摄像机和照明系统发出启动脉冲。

3）摄像机停止扫描，重新开始新的一帧扫描，或者摄像机在启动脉冲到来之前处于等待状态，启动脉冲到来后启动下一帧扫描。

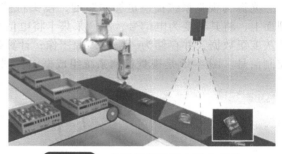

图 4-44　视觉识别机器人装盒系统

4）摄像机开始新的一帧扫描之前打开曝光机构，曝光时间可以事先设定。

5）另一个启动脉冲打开灯光照明，灯光的开启时间应该与摄像机的曝光时间匹配。

6）摄像机曝光后，正式开始一帧图像的扫描和输出。

7）图像采集部分接收模拟视频信号通过 A-D 转换将其数字化，或者是直接接收数字摄像机的数字视频数据。

8）图像采集部分将数字图像存放在处理器或计算机的内存中。

9）处理器对图像进行处理、分析和识别，获得测量结果或逻辑控制值。

10）根据处理结果控制机器人的动作，进行方位姿态定位、取件及完成取件的后续工作过程。

2. 机器视觉系统的优点

1）非接触测量。对于观测者与被观测者都不会产生任何损伤，从而提高系统的可靠性。

2）具有较宽的光谱响应范围。可以使用人眼看不见的红外测量，扩展了人眼的视觉范围。

3）可以长时间稳定工作。人难以长时间集中精力对同一对象进行观察，而机器视觉可以长时间地做测量、分析和识别任务。

3. 机器视觉的类型

机器视觉系统的应用领域越来越广泛，在工业、农业、国防、交通、医疗、金融甚至体育、娱乐等行业都获得了广泛应用。这里只就工业机器人的视觉应用技术进行介绍。

机器人视觉是机器视觉的一种专业应用，也属于计算机视觉。

计算机视觉研究视觉感知的通用理论，研究视觉过程的分层信息表示方法和视觉处理各功能模块的计算方法。而机器视觉侧重于研究以应用为背景的专用视觉系统，只提供对执行某一特定任务相关的景物描述。

机器人视觉硬件主要包括图像获取和视觉处理两部分，而图像获取由照明系统、视觉传感器、模拟-数字（A-D）转换器和帧存储器等组成。根据功能不同，机器人视觉可分为视觉检验和视觉引导两种，广泛应用于电子、汽车、机械等工业部门和医学、军事领域。

（1）二维视觉传感器　二维视觉传感器主要组成部分就是一个摄像头，它可以完成物体运动的检测以及定位等功能，二维视觉传感器已经出现了很长时间，许多智能相机可以配合协调工业机器人的行动路线，根据接收到的信息对机器人的行为进行调整。

（2）三维视觉传感器　最近三维视觉传感器逐渐兴起，三维视觉系统必须具备两个摄像机在不同角度进行拍摄，这样物体的三维模型可以被检测识别出来。相比于二维视觉系统，三维传感器可以更加直观地展现事物。

4.9.1　工业机器人二维视觉系统组成

光源为视觉系统提供足够的照度，镜头将被测场景中的目标成像到视觉传感器（CCD）的靶面上，将其转变为电信号，图像采集卡将电信号转变为数字图像信息，即把每一点的亮度转变为灰度级数据，并存储为一幅或多幅图像；计算机实现图像存储、处理，并给出测量结果和输出控制信号。图4-45是视觉检测系统组成框图，图4-46所示为视觉检测系统实物组成图。

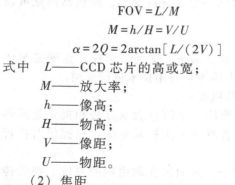

图 4-45　视觉检测系统组成框图

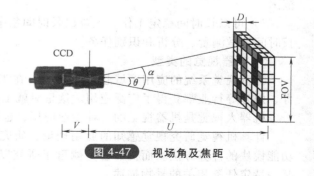

图 4-46　视觉检测系统实物组成图

4.9.2　工业机器人二维视觉系统硬件介绍

1. 摄像机镜头

镜头是集聚光线，使成像单元能获得清晰影像的结构。光学镜头目前有监控级和工业级两种，监控级镜头主要适用于图像质量不高、价格较低的应用场合；工业级镜头由于图像质量好、畸变小、价格高，主要应用于工业零件检测和科学研究等场合。视场角和焦距是光学镜头最重要的技术参数，滤光镜的使用也是镜头技术的重要组成部分。

视场角及焦距的计算如图4-47所示。

（1）视场角

$$FOV = L/M$$
$$M = h/H = V/U$$
$$\alpha = 2Q = 2\arctan[L/(2V)]$$

式中　L——CCD芯片的高或宽；

M——放大率；

h——像高；

H——物高；

V——像距；

U——物距。

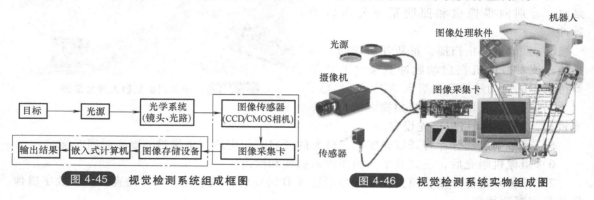

图 4-47　视场角及焦距

（2）焦距

1）焦距是从镜片中心到底片或CCD等成像平面的距离。

2）镜头焦距的长短决定着视场角的大小。焦距越短，视场角就越大，观察范围也越大，但远物体不清楚；焦距越长，视场角就越小，观察范围也越小，很远的物体也能看清楚，短焦距的光学系统比长焦距的光学系统有更佳的聚集光的能力。

3）以 CCD 为例，计算焦距参考如下公式：

$$\alpha = 2Q = 2\arctan\left[L/(2V)\right] = 2\arctan\left[d/(2f)\right]$$
$$f = d/\left[2\tan(\alpha/2)\right]$$

式中　d——CCD 尺寸，这里注意景物范围和 d 要保持一致性，即同为高或同为宽。实际选用时还应留有余量，应选择比计算值略小的焦距。

（3）自动调焦

1）自动调焦相机利用电子测距器自动进行调焦，当采集图片时，根据被摄目标的距离，电子测距器可以把前后移动的镜头控制在相应的位置上，或旋转镜头至需要位置，使被摄目标成像达到最清晰。

2）自动调焦有几种不同的方式，目前应用最多的是主动式红外系统。从相机发光元件发射出一束红外线光，照射到被摄物主体后反射回相机，感应器接收到回波。根据发光光束与反射光束所形成的角度来测知拍摄距离，相机实现自动对焦。

2. 摄像机技术

（1）摄像机组成

1）摄像机是获取图像的前端采集设备，它以面阵 CCD 或 CMOS 图像传感器为核心部件，外加同步信号产生电路、视频信号处理电路及电源等。它是机器视觉系统中不可或缺的重要组成部分。摄像机采集图像质量的好坏直接影响后期图像处理的速度与效果。所以选取一个各项指标符合要求的摄像机至关重要。

2）图像传感器。

3）电荷耦合器件（Charge Coupled Device，CCD）摄像机。感光像元在接收输入光后，产生电荷转移，形成输出电压。CCD 摄像机分为线阵和面阵两种，性价比高，受到广泛应用。

4）CMOS 摄像机（Complementary Metal Oxide Semiconductor）。互补金属氧化物半导体体积小，耗电少，价格低，在光学分辨率、感光度、信噪比和高速成像等方面已超过 CCD。

（2）数字摄像机

1）组成。数字摄像机主要由光敏传感器（CCD 或 CMOS）、模-数转换器（A-D）、图像处理器（DSP）、图像存储器（Memory）、液晶显示器（LCD）、端口、电源和闪光灯等组成。

2）原理。利用光敏传感器（CCD 或 CMOS）的图像感应功能，将物体反射的光转换为数码信号，经压缩后储存于内建的存储器上。

3）优点。具有很强的稳定性和噪声抑制能力，能提供高分辨率的图像信息。

（3）分辨率　图 4-48 是分辨率的图示。

机器视觉领域的相机分辨率就是其能够拍摄最大图片的面积，通常以像素为单位。分辨率越大，图片的面积越大，文件（容量）也越大。通常，分辨率表示为每一个方向上的像素数量，比如 640×480，那它的分辨率就达到了 307200 像素，也就是常说的 30 万像素。

（4）帧速

1）帧速指视频画面每秒钟传播的帧数，用于衡量视频信号传输的速度，单位为帧/秒（f/s）。

2）动态画面实际上是由一帧帧静止画面连续播放而成的，机器视觉系统只有快速采集这些画面并将其显示在屏幕上，才能获得连续运动的效果。采集处理时间越长，帧速

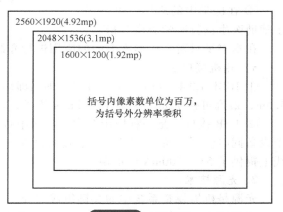

2560×1920(4.92mp)
2048×1536(3.1mp)
1600×1200(1.92mp)

括号内像素数单位为百万，
为括号外分辨率乘积

图 4-48　分辨率

就越低。如果帧速过低，画面就会产生停顿、跳跃的现象。

3）一般对于机器视觉系统来说，每秒 60 帧较为理想。

（5）智能相机

智能相机（Smart Camera）是一种高度集成化的微小型机器视觉系统。它将图像的采集、处理与通信功能集成于单一相机内，从而提供了具有多功能、模块化、高可靠性、易于实现的机器视觉系统。同时，由于应用了最新的 DSP、FPGA 及大容量存储技术，其智能化程度不断提高，可满足多种机器视觉的应用需求。

1）智能相机的组成。

① 图像传感单元。CCD/CMOS 相机，它将光学图像转换为模拟图像。

② 图像采集单元。图像采集卡，模拟图像转化为数字图像，并进行实时的存储。

③ 图像处理软件。如几何边缘的提取、图像的滤波和降噪、灰度直方图的计算、简单的定位和搜索等。

④ 网络通信装置。完成控制信息、图像数据的通信任务。

⑤ 工业智能相机测控装置：同时检测工件的五种参数，检测速度达 500 件/min，已成功用于工业产品尺寸、缺陷、形状参数的高速检测、NG 判定与分拣控制。

图 4-49 为工业智能相机测控装置及其应用。

2）智能相机的应用。

① 在工业检测中的应用。产品包装、印刷质量的检测，饮料填充检测，半导体集成块封装质量检测等。

② 在农产品分选中的应用。可以对农产品进行自动分级，实行优质优价，以产生更好的经济效益。

③ 在机器人导航和视觉伺服系统中的应用。通过图像定位、图像理解，向机器人运动控制系统反馈目标或自身的状态与位置信息，使其具有在复杂、变化的环境中自适应的能力。

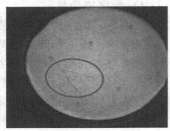

图 4-49 工业智能相机测控装置及其应用

④ 在医学中的应用。可以用于辅助医生进行医学影像分析。

在本书里只对在机器人方面的应用进行介绍。

3）相机接口。

① IEEE 1394（FireWire）接口。即插即用串行接口，可同时支持 63 个相机，每两个相距 4.5m，最远可达 72m。支持 800Mbit/s 甚至 3200Mbit/s 的传输速度。

② USB 接口。是一种应用非常普遍的串行接口。传输速率可达 480Mbit/s，可供多达 127 个设备同时使用。每根 USB 接线长度可达 5m，和 Hub 配合使用可以使距离达到 30m。USB 连线上提供了 5V、500mA 的电源。

3. 光源技术

光源是机器视觉系统中的关键组成部分，在机器视觉系统中十分重要。

光源的主要功能是以合适的方式将光线投射到待测物体上，突出待测特征部分对比度。

好的光源能够改善整个系统的分辨率，减轻后续图像处理的压力。

对于不同的检测对象，只有采用不同的照明方式，才能突出被测对象的特征。有时可能需要采取几种方式的结合，而最佳的照明方法和光源的选择往往需要大量的试验才能找到。

（1）前光源 图 4-50 是与相机配合的前光源放置位置，图 4-51 与图 4-52 是被照相物体的拍照效果。

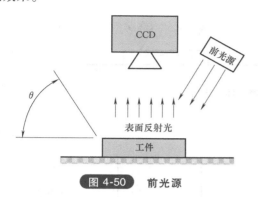

图 4-50 前光源

图 4-51 待测轮胎

1）前光源是指放置在待测物前方的光源，主要应用于检测反光与不平整表面。印刷式字符采用高角度照明方式效果较好，而刻字式字符采用低角度照明效果最佳。

2）轮胎上的数字编号凸出于轮胎侧表面，且与背景颜色相同，因此很难判别。但是采用前光源高角度照明法可以在相片上产生微妙的"凸出"效果，数字编号可清晰地浮现出来。

（2）背光源 图 4-53 是与相机配合的背光源放置位置，图 4-54 是被照相物体的拍照效果。

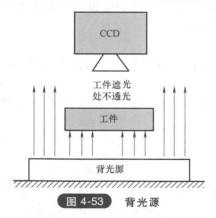

图 4-53 背光源

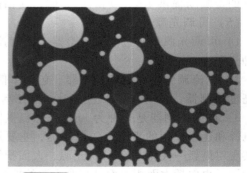

图 4-52 高角度照明法下的轮胎数字

图 4-54 背光源放置于待测物体背面

背光源主要应用于被测对象的轮廓检测、透明体的污点缺陷检测、液晶文字检查、小型电子元件尺寸和外形检测、轴承外观和尺寸检查、半导体引线框外观和尺寸检查等。

（3）环形光源 图 4-55 是环形光源的布置图。

环形光源与 CCD 镜头同轴安放，一般与镜头边缘对齐。环形光源的优点在于可直接安装在镜头上，与待测物体距离合适时，可大大减小阴影，提高对比度，实现大面积荧光照明。环形光源对检测高反射材料表面的缺陷极佳，非常适合电路板和 BGA（球栅阵列封装）缺陷

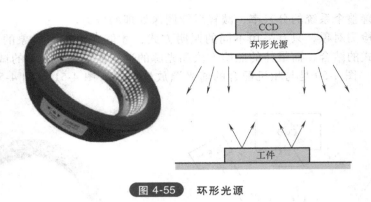

图 4-55　环形光源

的检测。

（4）点光源　图 4-56 是点光源的布置图。

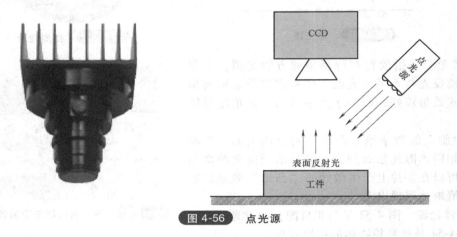

图 4-56　点光源

点光源结构紧凑，能够使光线集中照射在一个特定距离的小视场范围。点光源为机器视觉中的待测物提供明亮、均匀的光照，使拍摄的图像对比度高。

（5）可调光源

1）可调光源是通过电流调整器、亮度控制器或频闪控制器来调整光源亮度或频闪速度的一种光源。

2）电流调整器和亮度控制器。包括单信道与双信道输出的恒流控制器，四信道带触摸屏的亮度控制器，RGB 光源彩色分量调节控制器。

3）频闪控制器是一种为 LED 光源提供频闪电源和连续控制的直流电源控制器，主要用于实现对最新一代高电流 LED 光源、大面积线组光源，也包括大面积表面贴片背光源的控制。

4.9.3　工业机器人二维视觉检测实例

图 4-57 是输送线的现场图。

1. 需要检测的内容及参数

1）根据控制系统提供的取图信号，视觉系统自动定位流水线上产品的位置信息，并

图 4-57　项目实施的输送线

将定位得到的坐标 (X, Y) 或者 θ 角度传送给机器人。

2）检测速度。视觉拍照取图、图像处理等的处理时间约为 100ms/个（整体检测速度跟产品的上料速度及其他电气机械的速度密切相关）。

3）定位精度。0.5mm。

4）拍照模式。动态拍照。

2．系统设置

1）工业相机、工业镜头、LED 光源、LED 光源控制器等硬件。

2）IPC 机。2×2.8GHz PIV CPU，4GB 内存，500GB 硬盘，LCD 显示器等。

3）Windows 7 运行环境。

4）Hexsight4.0 软件包及即插式运行许可证。

3．软件功能

1）非接触式检测，自动探测工件是否到达检测区，实时输出结果传递给机械手。

2）视觉系统适合任何传送方式（传送带、运动平台或手工上下料）。

3）不受工人生理、心理因素的影响，检测结果具有一致性。

4）不受外界因素（如日光灯等）的干扰，检测结果具有稳定性。

5）实时监视画面能保存故障产品画面。

4．项目的系统组成（见表 4-1）

表 4-1　项目的系统组成

序号	产品名称	产地/型号	规格及性能参数	数量	备注
1A	视觉图像定位运行软件	美国/VDA-RT-Hex4.0LC	美国原装进口，高精度（1/64 亚像素）、高速、高性能视觉软件，是最先进的定位检测模式，对环境等影响不敏感	1	
1B	软件加密狗	VDA-RT-033LC-P	图像软件包即插式运行许可证	1	
2	数字工业相机	德国/VDC-80M	1394 接口，25f/s，逐行扫描，全局快门，2/3inCCD，1024×768 像素，GPIO，外部异步触发，C-mount 安装，附送 SDK，封装，动态取图。含 1394 卡及 1394 线一套	1	
3	工业镜头	日本/VDF-0518-K13	工业镜头，畸变小，失真低，百万像素镜头，C 型接口	1	
4	LED 光源	美国/VDE-D50×50	LED 照明光源，中心波长 660nm，发光面积大于 85mm×24mm	2	
5	光源控制器	美国/ VDE-C300	双通道，亮度、均匀度光源控制调节	1	
6	工控机及显示器	工业级 IPC	P4 2.8GHz，512MB 内存，80GB 硬盘，52X 光驱，17in(43.18cm)LCD 显示器，带并口/USB 口	1	
7	NRE	（某国产品牌）	1)识别检测视觉系统的设计与二次开发编译 2)计算机及用户设备应用界面软件的开发 3)系统的现场安装施工及联调 4)技术及文档转移 5)技术人员培训、维护、升级	1	

5．检测方法

采用一个高像素的动态工业相机（1024×768 像素），针对流水线上的动态产品一次性定位，并各采用一个高亮度的 LED 光源照明，以排除现场光线、噪声、振动等对相机取图的干扰。

最终的检测精度取决于最高物空间分辨率、被测单个产品在图像中所占的比例、检测算法、照明的稳定和均匀性以及镜头对图像的影响。现采用的硬件以及图像软件的检测精度可以控制检测的重复性在要求以内。

图 4-58 所示为软件运行状态示意图（尚没有标定为实际尺寸）。

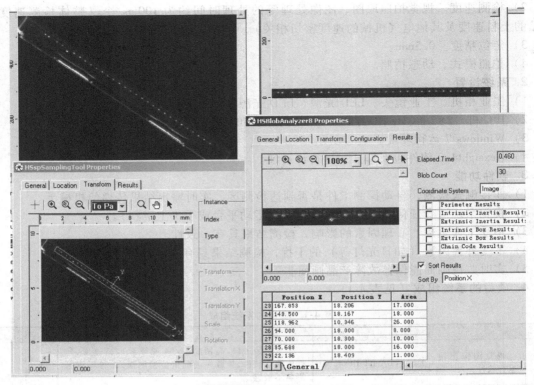

图 4-58　软件运行状态

4.10　工业机器人三维视觉检测系统

4.10.1　三维激光视觉检测系统（发那科）

发那科综合视觉功能组合软件 iRVision（见图 4-59）。

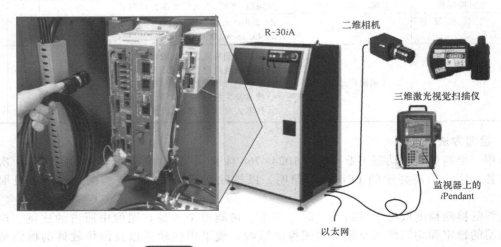

图 4-59　机器人三维激光视觉系统组成

1）连接在 R-30iA CPU 的专用视觉端口

① 标准 R-30iA 示教控制器。

② 二维 CCD 相机。

③ 三维激光视觉扫描仪。

2）直接连 R-30iA 相机电源。不需要外部电源单元。

3）在微型计算机上的 Windows 操作系统通过网络远程地设置。运行时可以不连接 PC。

iRVision 使用的发那科 3D 激光视觉扫描仪，采用结构光法进行三维测量。

在三维测量的同时进行二维照相，并将三维测量的数据镶嵌在二维图上（见图 4-60 ~ 图 4-62）。

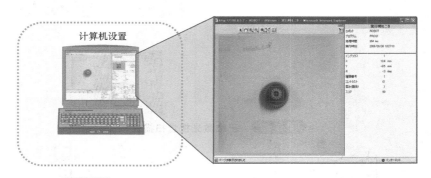

图 4-60　机器人三维激光视觉系统的微型计算机程序设置

图 4-61　iRVision 3DL 应用实例

4.10.2　机器视觉-结构光测量的三角测量原理

结构光测量中为了获取物体的三维信息，一般都会使用三角测量的原理，其基本思想是利用结构光照明中的几何信息帮助提供景物中的几何信息，根据相机、结构光、物体之间的几何关系，来确定物体的三维信息。图 4-63 给出了一个三角测量的原理图。

结构光平面与相机光轴夹角为 α 角，坐标系 O_w-$X_w Y_w Z_w$ 的原点 O_w 位于相机光轴与结构光平面的交点，X_w 轴和 Y_w 轴分别与相机坐标系 X_c 轴和 Y_c 轴平行，Z_w 与 Z_c 重合但方向相反。O_w 与 O_c 的距离为 l。则世界坐标系与相机坐标系有如下关系：

图 4-62　三维激光视觉扫描仪

$$\begin{cases} X_c = X_w \\ Y_c = -Y_w \\ Z_c = l - Z_w \end{cases}$$

A 的像为 A'，在世界坐标系中，视线 OA' 的方程为：

$$\frac{X_w}{x} = -\frac{Y_w}{y} = \frac{l - Z_w}{f}$$

在世界坐标系中，结构光平面的方程为：

$$X_w = Z_w \tan\alpha$$

解得：

$$\begin{cases} X_w = \dfrac{xl\tan\alpha}{x + f\tan\alpha} \\[2mm] Y_w = \dfrac{-yl\tan\alpha}{x + f\tan\alpha} \\[2mm] Z_w = \dfrac{xl}{x + f\tan\alpha} \end{cases}$$

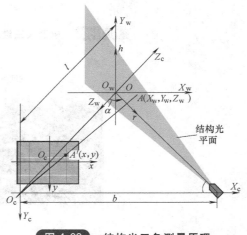

图 4-63　结构光三角测量原理

又由于数字图像上定义的直角坐标系 $O_p\text{-}uv$，每一像素的坐标（u, v）分别是该像素在图像数组中的列数与行数，（u, v）是像点在数字图像坐标系中以像素为单位的坐标。像素点在像平面上的物理位置，建立以物理单位表示的像平面二维坐标系 $O_i\text{-}xy$，该坐标系 x 轴和 y 轴分别与 u 轴和 v 轴平行，原点为相机光轴与像平面的交点，一般位于图像中心，但在实际情况下会有小的偏移，在 $O_p\text{-}uv$ 中的坐标记为（u_0, v_0）。每一像素在 x 轴和 y 轴方向上的物理尺寸为 S_x 和 S_y，则图像中任意一个像素在两个坐标系下的坐标采用齐次坐标和矩阵形式表示，有如下关系：

$$\begin{pmatrix} u \\ v \\ 1 \end{pmatrix} = \begin{pmatrix} 1/s_x & 0 & u_0 \\ 0 & 1/s_y & v_0 \\ 0 & 0 & 1 \end{pmatrix} \begin{pmatrix} x \\ y \\ 1 \end{pmatrix}$$

逆关系为：

$$\begin{pmatrix} x \\ y \\ 1 \end{pmatrix} = \begin{pmatrix} s_x & 0 & -u_0 x_x \\ 0 & s_y & -v_0 s_y \\ 0 & 0 & 1 \end{pmatrix} \begin{pmatrix} u \\ v \\ 1 \end{pmatrix}$$

可以得到像素点与世界坐标点之间的对应关系为：

$$\begin{cases} X_w = \dfrac{f_x(u-u_0)l\tan\alpha}{f_x(u-u_0)+\tan\alpha} \\ Y_w = \dfrac{-f_y(v-v_0)l\tan\alpha}{f_x(u-u_0)+\tan\alpha} \\ Z_w = \dfrac{f_x(u-u_0)l}{f_x(u-u_0)+\tan\alpha} \end{cases}$$

4.10.3　三维激光视觉扫描仪的配置

图 4-64 所示为三维激光视觉扫描仪的配置，三维激光扫描仪包括结构光投影和 2D 相机两大部分。

4.10.4　iRVision 系统设置

1）在 Windows 上通过网络和软件方便地编制视觉识别程序。

2）在 MS Internet 上安装驱动 UIF（没有其他特别软件）。

3）作为识别样本的模型数据保存在 R-30iA 中。

4）备份保存机器人运行数据。

图 4-65 所示为 iRVision 系统设置，包括 R-30iA 机器人控制器、示教器、相机和 iRVision 图像软件 UIF。

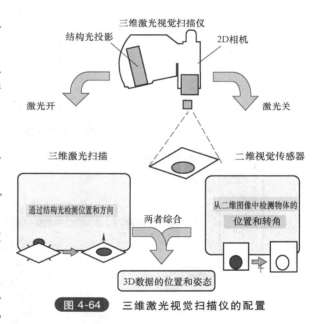

图 4-64　三维激光视觉扫描仪的配置

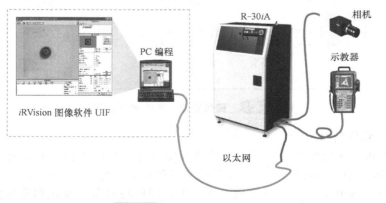

图 4-65　iRVision 系统设置

4.10.5 图像软件 UIF 的使用

图像软件 UIF 安装在计算机上，功能强大，提供简单直观的操作。

1. 运行界面

UIF 编程设置容易，操作简便。图 4-66 和图 4-67 所示为图像软件 UIF 的编程设置状态，这只是 UIF 编程设置的部分画面。

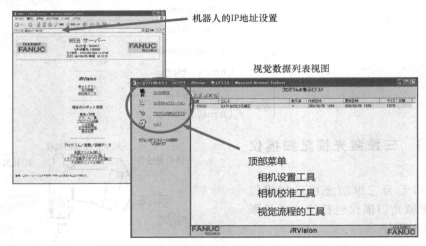

图 4-66　图像软件 UIF 的编程设置 1

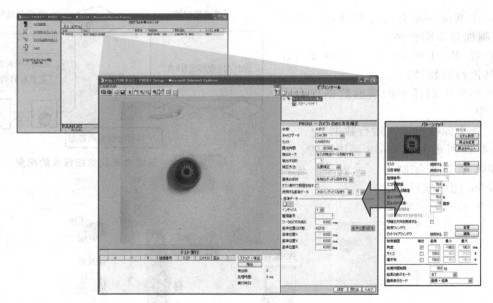

图 4-67　图像软件 UIF 的编程设置 2

2. iRVision 运行特性

在微型计算机上完成编程设置后，可以断开微型计算机的连接，其设置与编程已转至机器人控制器 R-30iA 中，而且仅靠 R-30iA 就能完成程序运行与工件的识别。

图 4-68 表示视觉识别系统一旦完成编程设置，即使将微型计算机移除也能照常工作，运行时并不依赖微型计算机。

3. 运行时的监控

1) 视觉检测过程可以由示教器监控（见图 4-69）。

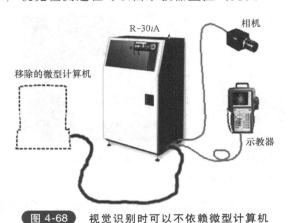

图 4-68 视觉识别时可以不依赖微型计算机

图 4-69 示教器监控

2) 视觉检测过程也可以通过以太网实行远程监控，在办公室的网络上显示相同的结果（见图 4-70）。

4. 运行记录（日志）

图像识别处理的记录日志都被保存在存储卡中。保存的记录长度可以设置，超过记录长度时新的记录将覆盖旧的记录。

记录可以被调出，进行评估，以便修正识别程序，提高识别的正确率。

5. iRVision 的仿真功能

在编程初期，可以离开现场，在办公室里用笔记本电脑和 USB 相机模拟 iRVision 系统。可以模拟所有的操作，包括虚拟机器人的视觉执行。模拟仿真的视觉检测试验具有与实际机器人完全相同的图像处理功能（见图 4-71）。

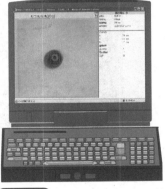

图 4-70 PC 计算机远程监控

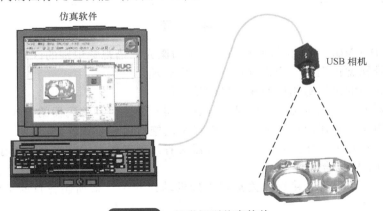

图 4-71 视觉识别仿真软件

4.10.6 应用举例

以下介绍 R-30iA 机器人控制器视觉系统的应用例子。

（1）小件产品识别场合　图 4-72 所示是用在小件产品识别的场合。

托盘码垛(2D)

输送机分拣(2D)

金属板识别(3D)

图 4-72　小件产品识别的场合

（2）复杂或高速的应用场合　图 4-73a 是随意堆放的零件识别，用于复杂的场景。图 4-73b是处于高速运行的物料识别。

a)

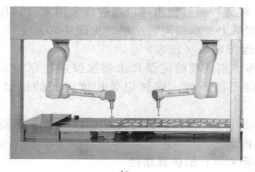
b)

图 4-73　高速或复杂的应用场合
a）随意堆放的零件（三维识别）　b）高速视觉跟踪（二维识别）

习　题

1. 阐述 CCD/CMOS 工业相机照相图像识别与激光扫描视觉识别的区别。

2. 阐述二维视觉识别和三维视觉识别的工作原理。

3. 请说明光源的设置对相机照相识别的重要性。

4. 工业机器人的精确定位采用的是哪种编码器？分述两种编码器的工作方式和用途。

5. 叙述光栅尺的工作原理。为什么光栅尺采用绝对编码方式？

6. 光敏开关有几种工作方式？光纤放大器又有几种工作方式？光幕又属于哪种工作方式？同时描述各自的适用场合和优缺点。

7. 霍尔开关、干簧管、接近开关都属于接近动作开关，请描述各自的工作原理、适应场合及优缺点。

8. 激光测距有两种距离计算方式，请描述将两种计算方式混合互补的测量计算方式。

9. 激光的发射方式有点发射、圆周面扫描发射、扇面空间扫描发射三种方式，就此描述一维、二维、三维的激光检测原理。

10. 请列举适合的超声波测距的应用场合。

项目5

工业机器人手爪

5.1 概　　述

一般对于工业机器人来讲，手爪的结构与握持的工具或工件的重量和形状有关。

1. 按用途分类

按用途不同，工业机器人手爪有"码垛手爪""装箱手爪""分拣手爪""冲床手爪"等。

2. 按驱动力方式分类

按驱动方式分类，工业机器人手爪有：

1）电动驱动手爪，有普通电动机驱动、伺服电动机驱动、电磁牵引驱动之分。

2）液压驱动手爪。

3）气动驱动手爪，有气缸驱动、气囊驱动之分。

4）电磁吸力直接抓取手爪。

5）真空吸力直接抓取手爪。

5.2 码 垛 手 爪

码垛手爪的选用是根据码垛的对象和重量进行的，一般分为托举、吸取、夹持三种形式。由于包装物有些相对较软、较重，所以手爪以托举方式较多。包装物强度足够、物料较轻时也采用真空吸取或夹持方式的手爪。

5.2.1 纸箱手爪

1. 单侧（纸箱）托举手爪

图 5-1、图 5-2 所示为单侧托举手爪，手爪负重约 80kg，采用无杆气缸驱动，手爪的框架采用 7075 铝合金制造，是纸箱码垛用得比较多的一种。

图 5-1　单侧托举手爪工作状况

图 5-2　单侧托举手爪

图 5-3 所示为单侧托举手爪的外形尺寸。

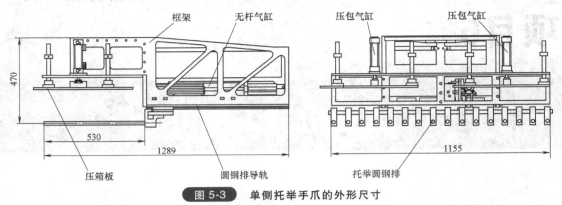

图 5-3 单侧托举手爪的外形尺寸

2. 双侧（纸箱）重型托举手爪

图 5-4、图 5-5 所示为双侧重型托举手爪，手爪负重约 150kg，采用无杆气缸驱动，手爪框架采用 7075 铝合金制造，一次可举起整层纸箱进行码垛。

图 5-6 所示为双侧重型，托举手爪的外形尺寸。

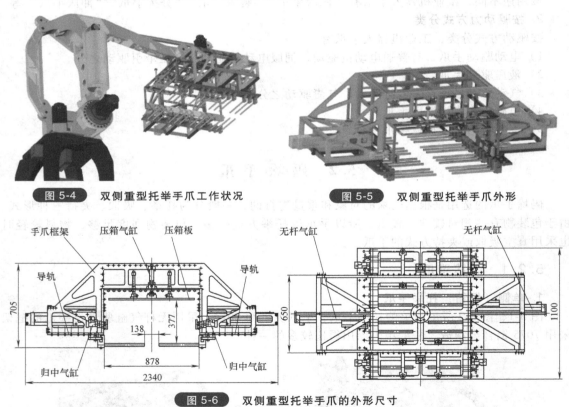

图 5-4 双侧重型托举手爪工作状况

图 5-5 双侧重型托举手爪外形

图 5-6 双侧重型托举手爪的外形尺寸

5.2.2 膜包手爪

1. 单侧（膜包）重型托举手爪

图 5-7、图 5-8 所示为单侧膜包重型托举手爪，手爪负重约 120kg，采用无杆气缸驱动，

手爪框架采用 7075 铝合金制造，膜包斗用不锈钢板制造，用于膜包的码垛。膜包大多用于瓶装饮料的外包装，如可乐、纯净水、山泉水等。图 5-9 所示为单侧膜包重型托举手爪的外形尺寸。

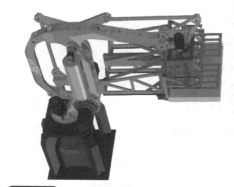
图 5-7　单侧膜包重型托举手爪工作状况

图 5-8　单侧膜包重型托举手爪外形

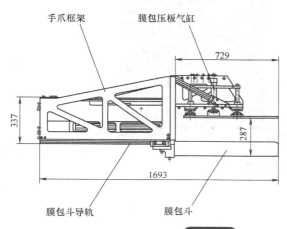

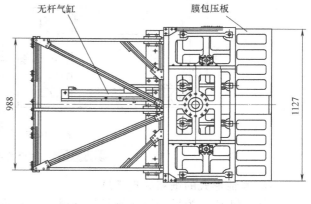

图 5-9　单侧膜包重型托举手爪外形尺寸

2. 卷帘式重型托举手爪

卷帘式重型托举手爪如图 5-10~图 5-13 所示，手爪负重约 150kg，采用电动机驱动，手爪框架采用结构钢制造，一次可举起整层纸箱或膜包进行码垛。卷帘式重型托举手爪的工作方式是：首先卷帘钢辊组处于手爪底部，规整好的整层纸箱或膜包被推入手爪内，运至码垛位置正上方，卷帘收起处于前后两侧，纸箱或膜包则落在垛板上。

图 5-10　卷帘式重型托举手爪承载状态

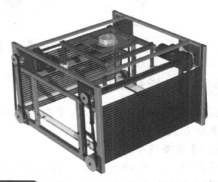
图 5-11　卷帘式重型托举手爪卷起放包状态

图 5-12 卷帘式重型托举手爪工作状况

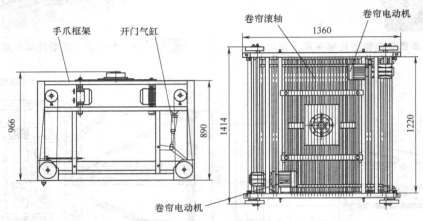

图 5-13 卷帘式手爪的外形尺寸

3. 其他形式的纸箱膜包手爪

图 5-14 所示为另一种双侧托举整层码垛手爪。

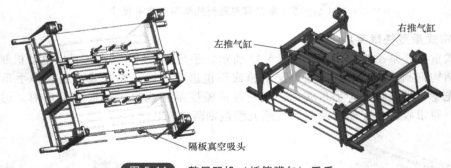

图 5-14 整层码垛（纸箱膜包）手爪

5.2.3 袋装手爪

袋装手爪式样有多种，几乎都是从两侧兜起抓取物料，大多是气缸驱动方式，个别用电动机驱动方式。

1. 简易袋装手爪

图 5-15、图 5-16 所示为一种简易袋装手爪，手爪负重约 30kg，采用气缸驱动，手爪框架采用钢制或铝合金制造。由于袋装两袋以上不好规整，一般都是一次搬起一袋进行码垛。图

5-17 所示为简易袋装手爪的外形尺寸。

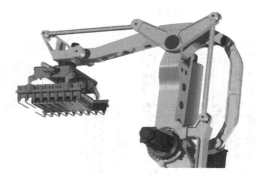

图 5-15 袋装手爪的工作状况

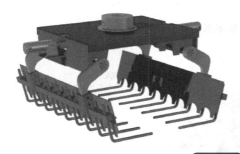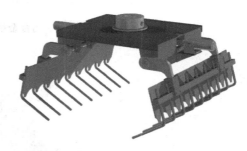

图 5-16 简易袋装手爪

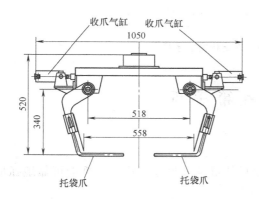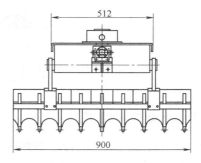

图 5-17 简易型袋装手爪外形尺寸

2. 铝合金袋装手爪

图 5-18 所示为铝合金袋装手爪,挡板起夹持作用,防止搬运过程中物料袋甩出手爪。简易手爪没有夹持动作,选择手爪时要注意机器人运行时的离心力作用,避免物料甩出。

图 5-19 为铝合金袋装手爪的外形尺寸。

3. 钢结构袋装手爪

图 5-20 所示为钢结构袋装手爪。压包的作用是避免机器人运行中袋子被甩出。

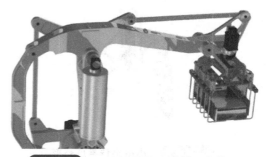

图 5-18 铝合金袋装手爪的工作状况

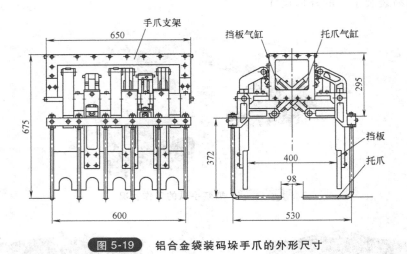

图 5-19　铝合金袋装码垛手爪的外形尺寸

图 5-20　钢结构袋装手爪

5.3　装　箱　手　爪

5.3.1　小型夹持手爪

图 5-21、图 5-22 所示为一种小型夹持手爪外形及其尺寸，这种手爪能可靠地抓取小件物品，用于分拣、装盒、装箱等，负重≤10kg。

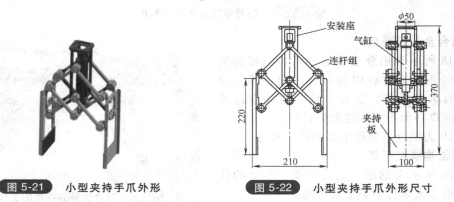

图 5-21　小型夹持手爪外形　　　　图 5-22　小型夹持手爪外形尺寸

5.3.2 利乐包的装箱手爪

图 5-23、图 5-24 所示为装箱手爪，整箱夹持利乐包进行装箱，除整箱装箱外还有以下几种情况：

1）分层装箱。

2）逐个装箱。

3）无规律堆积装箱。

所以，针对不同的装箱方式和物料的特性，装箱手爪千变万化。

图 5-25 所示为这种装箱手爪的外形尺寸。

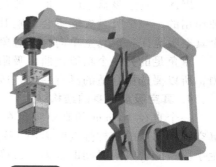

图 5-23 利乐包装箱手爪工作状态

图 5-24 利乐包装箱手爪

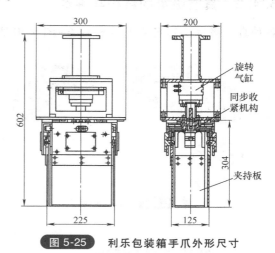

图 5-25 利乐包装箱手爪外形尺寸

5.4 真空吸取手爪

5.4.1 真空吸盘及其手爪结构特点

1. 真空吸盘元件的制作材料

由硅橡胶制成的吸盘非常适于抓住表面粗糙的制品，由聚氨酯制成的吸盘则很耐用。如果要求吸盘具有耐油性，则可以考虑使用聚氨酯、丁腈橡胶或含乙烯基的聚合物等材料来制造吸盘。通常，为避免制品的表面被划伤，选择由丁腈橡胶或硅橡胶制成的带有波纹管的吸盘。吸盘材料采用丁腈橡胶制造，具有较大的扯断力，因而应用广泛。

2. 真空吸盘的真空度选用依据

真空度直接反映真空吸盘的吸力，真空度越高，真空吸盘的吸力越大。绝对真空度为760mmHg（1mmHg = 133.322Pa）。然而真空度越大，建立真空的时间越长，影响了生产速度。为了快速地建立真空吸盘的真空度，除选用合适的真空发生器外，还应选用合适的真空度作为计算依据。一般以 1s 内快速建立 50%~80% 的真空度为宜，即 400~600mmHg。

3. 由真空吸盘组成的吸盘矩阵的使用要求

真空吸盘组成矩阵，使作用于物体的抓力更加平衡、真空吸附合力更大。但是如果真空通路不做处理，其中一个真空吸盘由于物体表面缺损或真空吸盘故障，而建立不了需要的真空度，则会影响其他真空吸盘真空度的建立。

因此，真空吸盘矩阵手爪必须具有章鱼足功能。所谓章鱼足功能，即章鱼足的吸盘是单独作用的，一个吸盘失能不会影响其他吸盘的使用，且失能的吸盘不会消耗真空。所以每一个真空吸盘配一个真空单向阀，避免影响其他吸盘。

章鱼足的另一个功能是曲面吸附功能，要求真空吸盘矩阵具有一定的不平表面的吸附能力，所以要选用合适的具有一定自适应能力的真空吸盘。

4. 真空吸盘自身的结构强度

一个直径 100mm 的真空吸盘在绝对真空时吸力为 74kg，400mmHg 时为 41kg，那么计算真空吸盘本身的结构强度时需用 74kg 作为计算参考的作用力。这是因为如果选用好的真空发生手段，随着吸附时间的延迟，最终吸附力会越来越大。

5.4.2 真空吸盘的结构与种类

各种真空吸盘及其安装座如图 5-26~图 5-30 所示。

图 5-26　长圆形吸盘

图 5-27　圆形吸盘

图 5-28　大喇叭形吸盘

图 5-29　小喇叭形吸盘

图 5-30　直连型安装座

5.4.3 真空源的选用

1. 真空泵

图 5-31~图 5-33 所示为以各种原理工作的真空泵，从理论上都可作为真空吸盘的真空源。

但在实际选用时需考虑使用的环境、需要的真空消耗量和使用成本等。

对于真空流量消耗较大时，采用真空泵。

1）旋片式真空泵。真空度较高，真空流量相对小，占地面积小，安装简单，但噪声较大。

2）水环式真空泵。真空流量大，真空度中等，噪声中等，需要建水池，所以占地面积最大，安装复杂。

3）螺杆式真空泵。真空度高，真空流量中等，噪声中等，占地面积中等。

4）离心式真空泵。真空度小，真空流量大，噪声小，占地面积小。

5）活塞式真空泵。真空度高，真空流量中等，噪声中等，占地面积中等。

以上真空设备若配以真空储能罐使用，效果更佳。

图 5-31　带储能罐的真空泵机组

图 5-32　旋片式真空泵

图 5-33　活塞式真空泵

2. 真空发生器

当真空流量消耗较小时，采用真空发生器，它是利用压缩空气射流原理（文氏管）产生的真空。图 5-34 所示为真空发生器原理图，图 5-35 所示为真空发生器外形图。

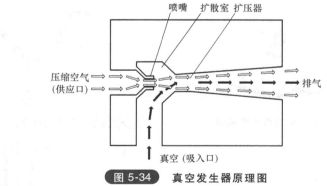

图 5-34　真空发生器原理图

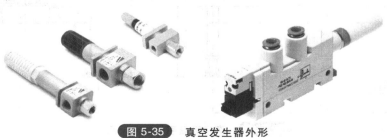

图 5-35　真空发生器外形

3. 真空单向阀

当吸盘因故障或没覆盖物件时，吸盘阀门关闭，真空不会泄漏。图 5-36 所示为真空单向阀原理图，图 5-37 所示为真空单向阀外形图。

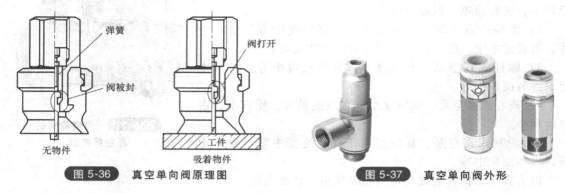

图 5-36 真空单向阀原理图

图 5-37 真空单向阀外形

4. 真空吸盘矩阵（真空吸盘机器人手爪）

图 5-38～图 5-39 所示为真空吸盘手爪搬运举例。

图 5-38 搬运泡沫产品

图 5-39 搬运小桶装产品

5. 真空吸盘手爪

图 5-40、图 5-41 所示为一种真空吸盘手爪，图 5-42 所示为这种真空吸盘手爪的外形尺寸。

图 5-40 机器人真空吸盘手爪搬运

图 5-41 真空吸盘手爪外形

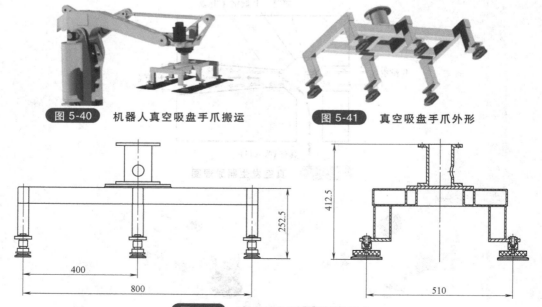

图 5-42 真空吸盘手爪的外形尺寸

5.5　电磁吸取手爪

对于磁导体的物料，采用电磁吸取要比真空吸取可靠，它有以下三个方面的优势：

1）真空吸盘容易磨损，需要经常更换真空吸盘，而电磁铁无须更换。

2）真空吸盘大都由橡胶等有机材料制造，单体承受的重量有限，而电磁铁由金属材料制成，大大优于真空吸盘。

3）电磁铁单位面积的吸引重量要大大高于真空吸盘，电磁力的大小可通过电流来控制，而真空吸盘有极限吸力限制，如100mm直径的真空吸盘在极限状态只能产生74kg的吸力。

图5-43所示为电磁铁结构图，图5-44所示为电磁铁外形图。图5-45、图5-46所示为电磁铁手爪，图5-47所示为这种电磁铁手爪的外形尺寸。

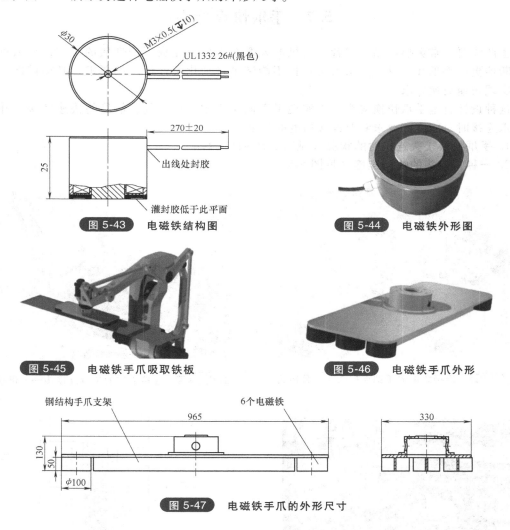

图 5-43　电磁铁结构图

图 5-44　电磁铁外形图

图 5-45　电磁铁手爪吸取铁板

图 5-46　电磁铁手爪外形

图 5-47　电磁铁手爪的外形尺寸

5.6　气 缸 手 爪

气缸手爪是一种制造气缸时就已经连同手爪一起造好的气缸产品，用于抓取小件物品，分两爪气缸和三爪气缸，根据工件及要达到的目的来确定气缸手爪。

图 5-48 所示为两爪气缸手爪，图 5-49 所示为三爪气缸手爪。

图 5-48　两爪气缸手爪

图 5-49　三爪气缸手爪

5.7　手爪快换接头

生产线要经常更换产品，或者一台机器人要在工位上完成不同性质的工作，那么机器人要不断地更换手爪和工具。如果人工更换不能满足自动化柔性生产的要求，必须借助一种设计，实现快速更换要求。

这种设计就是手爪快换接头，它实现了不同手爪水、电、气、信号的快速连接，并且满足手爪连接时对刚度的要求和对连接精度的要求。

1. 手爪快换接头连接时的状况（见图 5-50～图 5-52）

2. 一种焊接头的快换连接（见图 5-53）

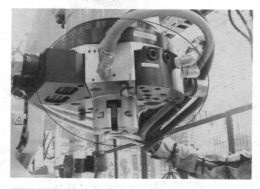

图 5-50　连接之前的手部连接头——公接头

图 5-51　连接之前的工具连接头——母接头

图 5-52　手爪快换接头正在连接

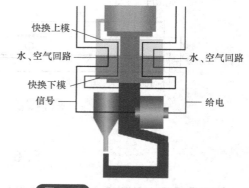

图 5-53　一种焊接头的快换连接

3. 快换接头的连接锁紧原理

快换接头有多种快速锁紧方式，图 5-54、图 5-55 所示为快换连接原理。

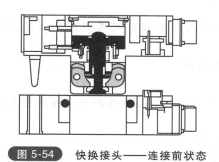

图 5-54　快换接头——连接前状态

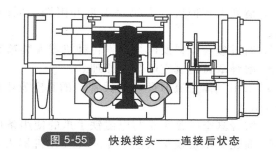

图 5-55　快换接头——连接后状态

4. 快换接头工具站

图 5-56、图 5-57 所示为快换接头工作站，在机器人手臂能够够得着的地方建立快换接头工具站，供机器人选用，使机器人通过快速更换工具完成不同性质的工作。

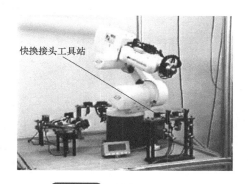

图 5-56　快换接头工具站

图 5-57　正在换装焊接工具头

5. 快换接头的结构

图 5-58 所示为快换接头的结构及外形尺寸。

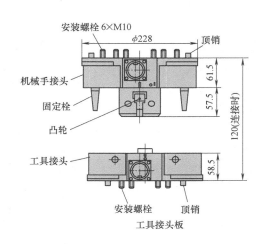

图 5-58　快换接头的结构

习　题

1. 请列出各种机器人码垛手爪并附图，同时尽量多地增加通过参考资料和网络搜得的案例。

2. 通过参考资料及网络搜索各种机器人装箱手爪并附图。

3. 解释章鱼足真空吸盘的原理。

4. 采用气体射流原理（文氏管）的真空发生器需要在何种外部条件和真空使用要求的条件下工作？

5. 解释真空吸盘手爪与电磁铁手爪的使用条件和要求。

6. 简述手爪快换接头的工作原理及在机器人系统的使用，用一个简单系统的平面布置图说明机器人、快换接头、手爪或机器人工具之间的关系。

项目6

机器人本体移动装置及AGV输送小车

6.1 概　述

机器人的固定活动空间是有限的，但有时需要机器人在固定活动空间之外完成工作，则需要给机器人装上脚，让它走到所需位置完成工作。而机器人走到的位置必须是一个受控的精确定位的可重复的位置，这个量定的位置精度能达到±0.01mm以上。

要达到这样的精度可控，就要借助高精密滑轨和伺服电动机的驱动。机器人本体的移动装置可根据需要做成天轨（或叫龙门式）、地轨系统，因为天轨、地轨系统基本不影响机器人的定位精度，所以又称为机器人的第七轴。

有时候机器人需要到达的位置距离较长，且不在一条直线上，需采用 AGV 小车送达，而 AGV 小车有时定位误差超过 10mm，不能满足机器人的定位精度要求。这时，需要对机器人所在位置进行重新精确定位。

6.2　机器人本体天轨移动装置

在地面空间紧张的情况下，常采用天轨移动装置，但轨道的整体结构刚度不如地轨系统。天轨移动装置受轨道结构刚度影响，从而会影响机器人的定位精度。

天轨移动装置有侧装式、顶装式和底装式，视工作对象的需求来确定采用何种方式，这三种方式各有其优点。

图 6-1 所示为底装式，图 6-2 所示为侧装式，图 6-3 所示为顶装式，图 6-4 所示为天轨传动装置。

图 6-1　底装式天轨装置

图 6-2　侧装式天轨装置

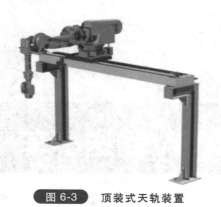

图 6-3　顶装式天轨装置

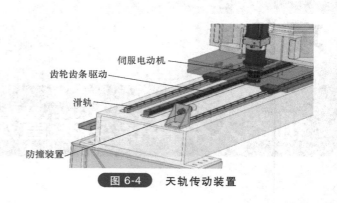

伺服电动机
齿轮齿条驱动
滑轨
防撞装置

图 6-4　天轨传动装置

6.3　机器人本体地轨移动装置

地轨装置在轨道的整体刚度方面毫无疑问要强于天轨装置，但是地轨装置要占用宝贵的车间面积。地轨传动设计也要比天轨的选择更加多样化，除了齿轮齿条传动，还有同步带传动、滚珠丝杠传动、直线电动机传动等。

有时将地轨装置敞开布置，有时将其地轨部件盖住。图 6-5 所示为被盖住的设计，图 6-6 所示为敞开的设计。

图 6-5　地轨系统被盖住的设计

图 6-6　地轨系统敞开的设计

6.4　AGV 小车

AGV 小车用于工位之间传送工件，不同于输送机和变道机的输送。输送机占用车间宝贵的地表面积和空间，而且当柔性化生产需要更换更多的工位时，输送机难以实现，需要输送小车来完成。

6.4.1　输送小车的分类、定位、供电和通信

1. 分类

按有轨无轨分类，可分为有轨输送小车和无轨输送小车。

按供电方式分类，可分为滑触线供电方式、拖曳线缆供电方式和直流驱动定点充电方式。

按导航方式分类，可分为有轨近点检测方式、有轨激光测距方式、无轨预埋电磁线导航

方式和激光扫描导航方式。

2. 定位技术及驱动方式

（1）对于有轨小车　在有轨直线运行的场合，分道只有两个或三个时可采用光敏开关、霍尔开关、接近开关检测定位，分道多至三个以上时可采用激光测距定位。

在有轨弯道运行的场合，既可采用扫描条码及二维码的方式定位，也可采用芯片无线射频识别技术定位。

有轨小车可采用两种方式供电：滑触线供电方式和直流驱动定点充电方式。

（2）对于无轨小车　具有自动导航功能的小车，通常称为AGV小车，有人将AGV小车也称为搬运机器人，其导航方式有直接坐标接力导航、电磁导航、磁带导航、光学条纹导航、激光导航、惯性导航、图像识别导航和GPS导航等。

常用的有电磁导航、磁带导航和激光网络扫描多点定位导航。

无轨小车几乎都采用直流驱动定点充电方式。

3. 通信方式

1）对于使用滑触线供电和拖曳电缆供电的有轨小车，仍然使用滑触线或拖曳电缆的有线通信方式。

2）除此之外，其他小车与控制中心都使用无线通信，即控制中心与运输小车都装有局域无线通信卡设备，进行无线通信。

6.4.2　用于机器人本体移动的小车

当机器人服务的对象相距较远，且位置多变时，选择AGV小车载着机器人去定点服务就比较方便，这样整个系统必须满足如下条件：

1）AGV小车提供直流供电的逆变电源供机器人使用。

2）如果除供电外还需供气及焊接用的特殊气体，就必须提供快速连接装置就地连接。

3）由于小车的自动导航精度不能满足机器人的定位精度要求，因此小车还需提供视觉矫正系统，使机器人在视觉系统的引导下重新获得精确的定位基准。

4）如果采用陀螺仪惯性导航，其精度也可达到1mm左右。

图6-7所示为有轨小车机器人本体移动装置，图6-8所示为无轨小车机器人本体移动装置。

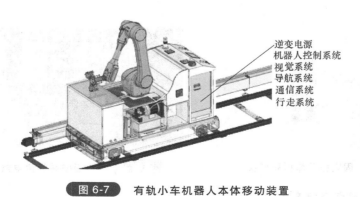

逆变电源
机器人控制系统
视觉系统
导航系统
通信系统
行走系统

图6-7　有轨小车机器人本体移动装置

6.4.3　输送小车的供电方式

1. 滑触线供电安装方式

滑触线供电只适应于轨道小车，其滑触线有两种安装方式，一种是侧面立式安装方式，

逆变电源
机器人控制系统
视觉系统
导航系统
通信系统
行走系统

图 6-8 无轨小车机器人本体移动装置

另一种是轨道中心沟渠安装方式。

当轨道小车只在一个侧面进行货物进出输送时，在轨道的另一个侧面则可安装滑触线供电和信号通路。

当轨道小车的两个侧面同时有货物进出输送时，则滑触线只能沿轨道的中心线进行排布安装。

（1）轨道一侧立式安装方式　图 6-9 所示是轨道小车的侧立式滑触线供电方式，图 6-10、图 6-11 所示为滑触线的结构。

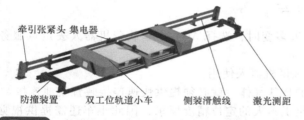

牵引张紧头　集电器

防撞装置　双工位轨道小车　侧装滑触线　激光测距

图 6-9 轨道小车（双工位）的侧立式滑触线供电方式

图 6-10 滑触线集电器

（2）轨道中心线安装方式　轨道中心线安装方式是轨道小车滑触线的第二种安装方式，因小车与轨道的间距有限，需要在小车轨道的中心线开渠，以便有空间安装滑触线（见图 6-12、图 6-13）。

图 6-11 固定桩及牵引张紧头

图 6-12 平面安装的集电器

2. 直流驱动定点充电方式

采用直流驱动，蓄电池供电定点充电的方式有许多的优点。直流电压有 24V 与 48V 两种。当小车闲置时，自行前往充电桩充电。

1）有轨小车的充电。图 6-14 所示为蓄电池供电的直流驱动双工位轨道小车，图 6-15 所示为轨道小车的充电口，图 6-16 所示为固定充电桩。

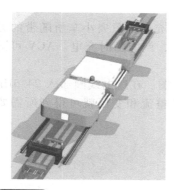

图 6-13　滑触线中心线安装方式

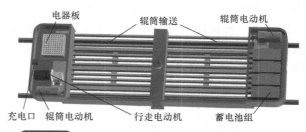

图 6-14　蓄电池供电的直流驱动双工位轨道小车

图 6-15　轨道小车的充电口

图 6-16　固定充电桩

2）无轨小车的充电设施。无轨小车前往充电桩充电时，对准充电桩的误差比有轨小车要大，不易对准。所以充电桩要允许这种误差，在误差范围内进行可靠的充电（见图 6-17~图 6-19）。

图 6-17　AGV 充电触头

图 6-18　AGV 充电电刷

图 6-19　AGV 小车充电桩

3. 无线充电桩

对于无轨小车，有线充电桩总是存在一个定位容差的问题，采用无接触充电，则容差范围较大，能较好地解决这个问题。

　　AGV可停靠在专门的充电点，也可选择在作业点进行充电。只要小车所随带的无线充电接收端在有效距离内接收到安装在地面的发射的电磁信号，就能随时充电。AGV可随时接收指令离开充电位置，或充满后自行离开。

　　图6-20～图6-23所示为无线充电电磁感应原理与外形图。在送电线圈通入24.5Hz频率的电流时，受电线圈则会有感应电流产生，对感应电流进行整流和变压就可得到所需要的充电电流了。图6-24所示为无线充电的有关参数。

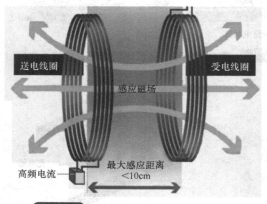

图 6-20　无线充电电磁感应原理图

图 6-21　AGV 小车无线充电发射端

图 6-22　无线充电桩图示

图 6-23　无线充电桩实例

产品规格	参数项目	高频发射装置	发射器	接收器	充电控制装置
BHCLC1K 1kW	电压	输入：AC 220V 单相	—	—	输出负载设定：27～30V；54～58V
	电流	最大值：7.5A	—	—	输出负载设定：16～34A；8～17.2A
	尺寸	350mm×210mm×80mm	200mm×150mm×45mm	150mm×120mm×37mm	300mm×210mm×80mm
	质量	3.5kg	3.0kg	3.0kg	3.3kg
	防护等级	IP20	IP65	IP65	IP20
	其他	最大功率：1kW，传送距离：0～30mm，停止位偏差：±20mm，环境温度：−20～50℃			
		外部交互输入信号(停止充电：B接点)、外部交互输出信号(电源ON、充电中、停止充电、发生故障)			
BHCLC3.7K 3.7kW	电压	输入：AC 220V 单相	—	—	输出负载设定：54～58V
	电流	最大值：20A	—	—	输出负载设定：32～64A
	尺寸	325mm×300mm×200mm	227mm×204mm×64mm	227mm×204mm×64mm	304mm×263mm×232mm
	质量	7.5kg	6.0kg	6.0kg	6.8kg
	防护等级	IP20	IP65	IP65	IP20
	其他	最大功率：3.7kW，传送距离：0～45mm，停止位偏差：±25mm，环境温度：−20～50℃			
		外部交互输入信号(停止充电：B接点)、外部交互输出信号(电源ON、充电中、停止充电、发生故障)			
注：产品可适用铅酸电池、锂电池、超级电容					

图 6-24　无线充电的有关参数

6.4.4　输送小车的导航

1. 电磁线导航

电磁线导航就是将电线预埋在小车通行规划的线路上，然后导线通上特定频率的交流信号。装在小车上的感应头，不断地感应通电线路的交变磁场，随时判断小车行进中的偏离量，据此不断地修正小车的运行方向，如图 6-25 和图 6-26 所示。

在运行的线路上放置若干个表示当地地址的地标识别卡。根据这些地标识别卡就能知道小车所处的位置。

地标识别卡可以是磁条、二维码、射频识别芯片等。

电磁线导航的优点：抗干扰性强，在有多条道路时，为了区分不同的线路，可以在导线中通上不同频率的电流来区别。定位精度较高，易于实现导航。

电磁线导航的缺点是：重新规划线路时比较麻烦；行驶过快时容易迷路。

电磁线导航的运行速度一般为 30~45m/min，导航误差为 ±10mm。

图 6-25　电磁线导航小车 1

图 6-26　电磁线导航小车 2

2. 磁带导航

磁带导航就是将磁带（磁条）预埋在小车通行规划的线路上，装在小车上的磁感应头，沿着磁带规划出的线路运行，随时判断小车行进中的偏离量，据此不断地修正小车的运行方向。图 6-27 所示为 AGV 磁带导航的原理，图 6-28 所示为 AGV 磁带导航小车。

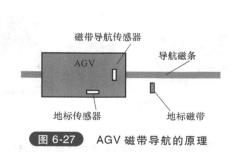

图 6-27　AGV 磁带导航的原理

图 6-28　AGV 磁带导航小车

与电磁线一样，也需在运行的线路上放置若干个表示当地地址的地标识别卡。根据这些地标识别卡就能知道小车所处的位置。

地标识别卡可以是磁条、二维码、射频识别芯片等。

磁带导航的优点：磁带铺设简单，灵活性比电磁线好，更换线路比电磁线容易，抗干扰性强。

电磁线导航的缺点是：易受污染和机械磨损，引导的稳定性较电磁线差。

磁带导航的运行参数与电磁线导航的运行参数一样，运行速度一般在 $30\sim45\mathrm{m/min}$，导航误差为 $\pm10\mathrm{mm}$。

3. 二维激光扫描导航

激光网络扫描定位系统有两种安装方式。为了使激光测距信号不被意外遮挡，将一台以上的二维激光扫描仪装在周边，只要装置小车上的接收器收到一台二维激光扫描仪的信号，二者联合即可得测定距离和扫描转角，从而确定小车所处的位置，如图 6-29 所示。

二维激光扫描仪

小车激光接收器

图 6-29 二维激光扫描仪装在附近的空间内

另一种方式是，二维激光扫描仪装在小车上，周边装有一台以上的接收器，只要一台接收器收到二维激光扫描仪的信号，就可联合测得二者之间的距离和角度，从而确定小车位置。图 6-30 所示为激光导航的 AGV 小车，图 6-31 所示为用于 AGV 的二维激光扫描仪。

激光定位的优点：无须改变硬件可随时更换路线，小车快速运行也不会迷路。

激光定位的缺点：易受光污染影响，抗干扰较差，造价较高。

接收器　二维激光扫描仪

图 6-30 激光导航的 AGV 小车

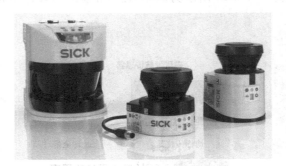

图 6-31 用于 AGV 的二维激光扫描仪

6.4.5 输送小车的结构

输送小车的结构各异，各有所长，在此介绍一种无轨小车和有轨小车的结构。

1. 有轨输送小车的结构

图 6-32 所示为轨道输送小车 3D 图；图 6-33 所示为轨道小车的行走机构；图 6-34 所示为小车上的辊筒输送机；图 6-35 所示为轨道小车外形尺寸。

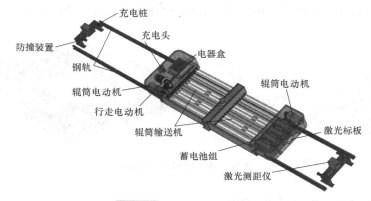

图 6-32   轨道输送小车 3D 图

图 6-33   行走机构

图 6-34   小车上的辊筒输送机

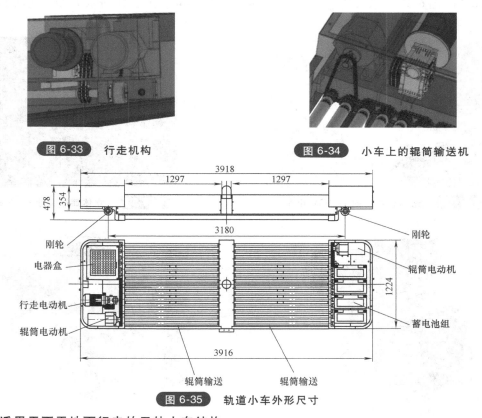

图 6-35   轨道小车外形尺寸

2. 适用于不平地面行走的无轨小车结构

麦克纳姆轮技术可以实现前行、横移、斜行、旋转及组合等运动方式，支持零转弯半径，擅长在狭小空间中载物运动。图 6-36、图 6-37 所示为麦克纳姆轮 AGV 小车。

适用于下列运动环境：

1）狭窄空间，一般 AGV 无法适应的环境。

2）适用于工厂特殊区域，路径规划复杂的场合。

图 6-36   适用于不平地面行走的 AGV 小车 1

3）适用于停靠区域和可规划路径区域受限制，一般 AGV 路线设计困难的场合。

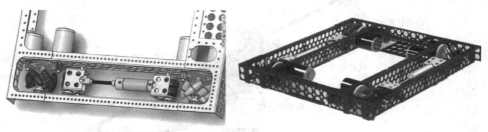

图 6-37　适用于不平地面行走的 AGV 小车 2

6.4.6　其他 AGV 输送小车图例

图 6-38～图 6-39 所示为其他输送小车的例子，图 6-40、图 6-41 所示为 AGV 小车的转向驱动机构。

图 6-38　光学条纹导航的 AGV 小车

图 6-39　立体库轨道小车（新松）

图 6-40　AGV 小车的转向驱动机构 1

图 6-41　AGV 小车的转向驱动机构 2

习　题

1. 请简述机器人天轨与地轨的使用环境与要求，以及各自的优缺点。
2. 采用小车作为机器人本体移动装置时，有哪几种方法解决定位精度问题？
3. 采用小车作为机器人本体移动载体时，电力供应问题、通信问题是如何解决的？
4. 请简单介绍无轨小车的每一种导航方式，以及各种导航方式的优缺点。

项目7

机器人周边辅助设备

7.1 概　　述

有了机器人，但没有周边辅助设备的协同作业是不能完成其全部工作的，所以介绍机器人系统必须同时介绍其周边辅助设备。周边辅助设备有很多，而且随着工业机器人的应用范围扩大，周边辅助设备也在增加。主要介绍以下几种：规整定位机构，旋转平台和各种输送机。

7.2　规整定位机构

7.2.1　码垛规整机构

机器人码垛一般不用视觉识别系统，而是将物料按预定的方式和位置进行规整，供机器人手爪准确地抓取然后码垛。

1. 某大型奶企的纸箱码垛规整输送线实例

（1）规整输送线的3D图（见图7-1）从图7-1可以看出：纸箱的规整在进入规整机之前就已经开始了。纸箱是用横向与竖向两种姿态进入规整机的，所以在输送机中部有使纸箱转向的转向气缸挡板，挡板收回时纸箱保存竖向输送，挡板伸出时纸箱转为横向输送。纸箱进入规整机达到了规定的数量，气动阻挡升起，阻止后面的纸箱再继续进入规整机。当规整推板退回后，收回阻挡让纸箱进入。

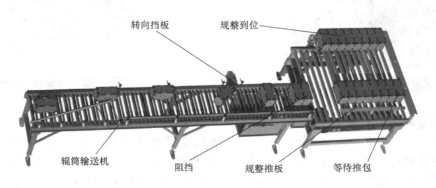

图 7-1　纸箱码垛规整输送线的 3D 图

（2）规整输送线的平面图（见图 7-2）

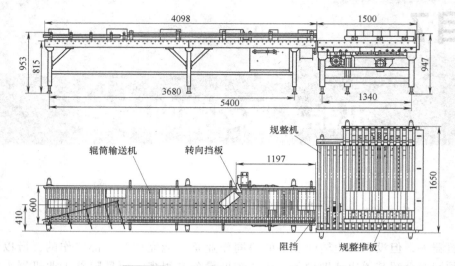

图 7-2　纸箱码垛规整输送线的平面图

（3）局部图（见图 7-3～图 7-6）

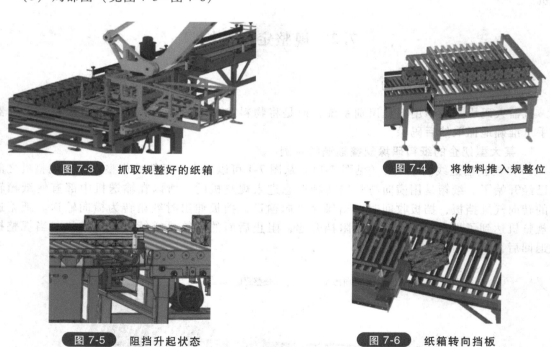

图 7-3　抓取规整好的纸箱

图 7-4　将物料推入规整位

图 7-5　阻挡升起状态

图 7-6　纸箱转向挡板

（4）现场照片（见图 7-7）

（5）阻挡　图 7-8 所示为阻挡的 3D 图，阻挡是规整重要的部件，阻挡必须反应灵敏迅速。当物料堆积到一定数量时，作用在挡板上的推力较大，有时会影响挡板的收回，所以阻挡的设计好坏将影响物料规整的使用效果。图 7-9 所示为这种阻挡的外形尺寸。

（6）规整机　规整机分为两个主要部分：

1）输送部分。输送部分因物料的不同，采用的输送原理也不同，有滚珠链板、钢珠链板、积放辊筒、皮带、钢带等。本案例的码垛对象是纸箱，所以采用的是辊筒输送机。其输送速度必须大于前段的输送机输送速度，使进入的各包分开，便于检测。

图 7-7　纸箱规整输送线的现场照片

图 7-8　阻挡的 3D 图

2）规整推板。规整推板的作用是将规定数量的物料定位在规整位置，驱动方式有气缸驱动、电动机螺杆驱动、电动机链条驱动、电动机同步带驱动等多种形式，本案例采用电动机螺杆驱动（见图 7-10～图 7-13）。

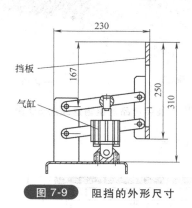

图 7-9　阻挡的外形尺寸

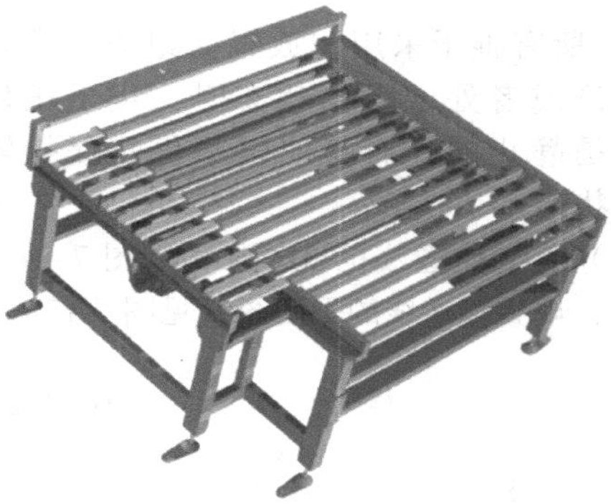

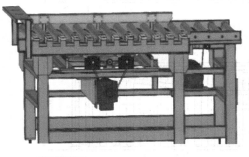

图 7-11　规整推板的螺杆驱动

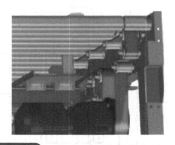

图 7-10　纸箱码垛规整机

图 7-12　输送滚子的皮带托滚驱动

2. 袋装产品的码垛规整输送线

袋装产品输送码垛规整的特点：

1）不易变道。没有专门的变道输送机时，袋装产品不易变道规整，所以很少有两袋并列一次抓取的情况，但可以两袋前后排列抓取。

2）袋装产品大多是柔性的，采用辊筒输送时辊筒间距不宜过大，否则易陷于辊筒间，导致输送不畅。

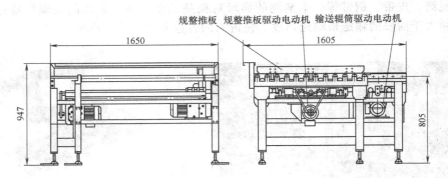

图 7-13　规整机外形图

3）由于袋装产品是柔性的，挡板推动时袋装容易变形，导致不能精确规整定位，所以一般袋装产品不采用推移的方式进行规整。

4）所有辊子采用积放辊筒组成，即在袋子到位或者处于阻挡状态时，袋子压住的辊子是静止的，而其他辊子仍然保持输送转动状态。

（1）规整输送线的 3D 图（见图 7-14）

（2）规整输送线的平面图（见图 7-15）

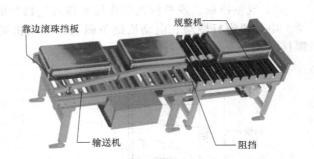

图 7-14　袋装产品规整输送线的 3D 图

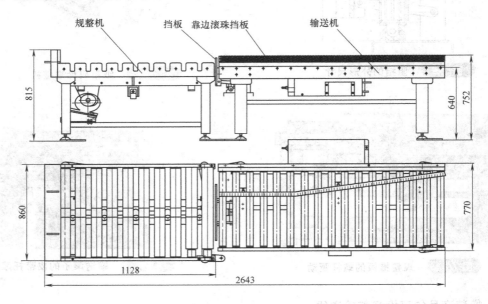

图 7-15　规整输送线的平面图

（3）规整输送线的局部图　图 7-16 所示为抓取规整好的袋子，图 7-17 所示为使用滚珠侧挡板使袋子做稍许位移。

（4）袋装产品的规整机　图 7-18 所示为一种袋装产品的规整机，图 7-19 所示为这种规整机的外形尺寸。

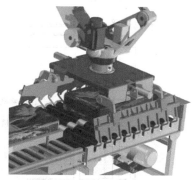

图 7-16　抓取规整好的袋子

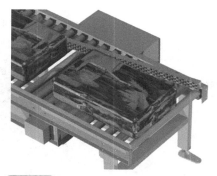

图 7-17　用滚珠侧挡板稍许位移袋子

图 7-18　袋装产品的规整机

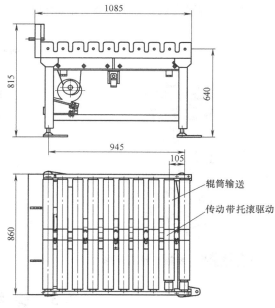

图 7-19　袋装产品规整机的外形尺寸

7.2.2　装箱规整机构

装箱机的规整，根据被装箱的物料不同，其规整机也各不相同。这里仅介绍一个利乐包的装箱实例，以供参考。

1. 利乐包的装箱规整系统 3D 图（见图 7-20）

2. 规整部分局部布置图（见图 7-21、图 7-22）

3. 装箱规整机（见图 7-23、图 7-24）

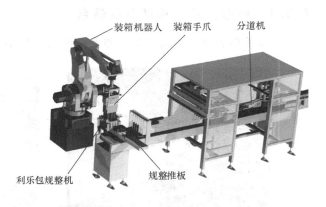

图 7-20　利乐包的装箱规整系统 3D 图

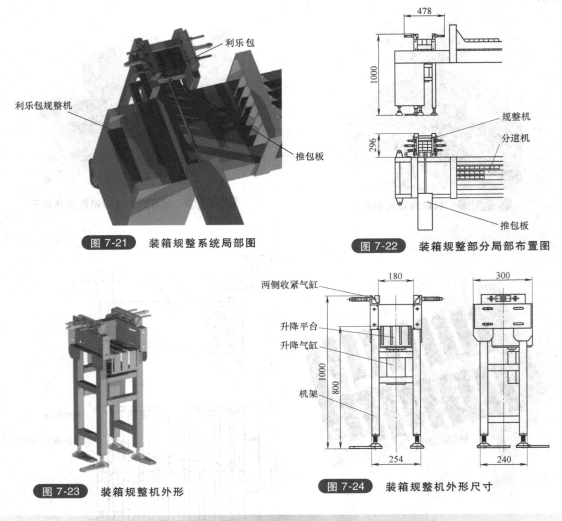

图 7-21　装箱规整系统局部图

图 7-22　装箱规整部分局部布置图

图 7-23　装箱规整机外形

图 7-24　装箱规整机外形尺寸

7.3　旋　转　平　台

7.3.1　机器人喷涂移动及旋转台

喷涂移动旋转台是工件进出喷房重要的载具，特别是用于小型工件的喷涂。图 7-25 所示

图 7-25　移动及旋转台的工作现场

是移动及旋转台的工作现场。图 7-26 所示为两工位旋转台的 3D 效果图，图 7-27 所示为这种旋转台的外形尺寸。

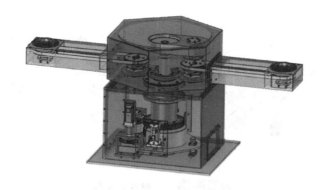

图 7-26　两工位旋转台的 3D 效果图

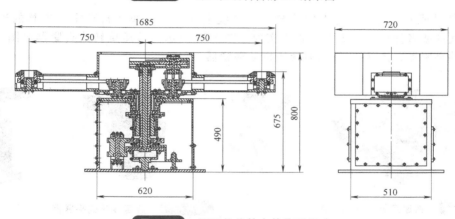

图 7-27　两工位旋转台的外形尺寸

7.3.2　机器人焊接转台

1. 焊接转台的作用

1）对工件具有定位固定的作用。机器人的焊接程序确定后，对工件的焊接起始点也就确定了，所以每次工件放置的位置必须一致，并且固定牢靠，尽量避免焊接过程中挪动位移。

2）将工件需焊接部位转送到机器人附近。机器人手臂不能到达时，回转焊接转台，使工件需要焊接的部位处于机器人手臂及焊枪能够到达的位置锁住定位。

3）回转工件使另一个需要焊接的面正对着机器人，方便机器人焊接。有时工件的正反两面都需要焊接，通过焊接转台上的回转轴，使工件的焊接面来回交换定位。

4）更换新的工件。一个工件焊接完成后，为了快速更换新的工件，使用两工位或多工位的转台，将新的工件回转至机器人面前，进行新的工件焊接，这样提高了系统的工作效率。

2. 工件快速固定的措施

（1）用压板螺栓压紧　这是一种可靠的办法，但效率不高，还需借助工具（扳手）锁紧，如图 7-28 所示。

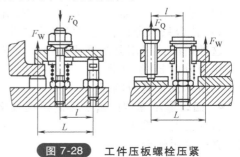

图 7-28　工件压板螺栓压紧

（2）用快速夹具压紧　这是一种不借助工具手动快速夹紧的装置，利用连杆机构的死点能产生很大的压紧力，而且不易自行脱开，如图7-29所示。图7-30是一种用于柔性生产的快速定位压紧的方案。

图 7-29　一组快速夹具

（3）气动或液压自动快速夹紧　自动生产线上往往需要快速自动定位夹具的连贯动作，这就需要气动或者液压定位夹紧装置来实现。图7-31所示为液压旋转式夹紧器，图7-32所示为气动自动夹紧器，图7-33所示为液压自动夹紧器。

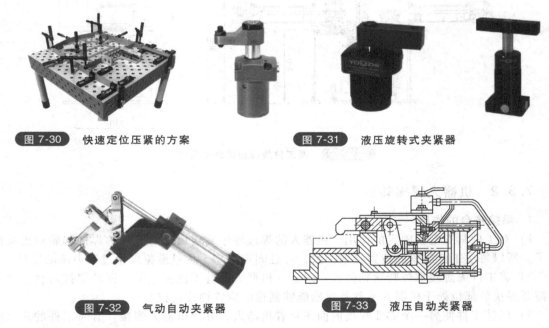

图 7-30　快速定位压紧的方案　　　　图 7-31　液压旋转式夹紧器

图 7-32　气动自动夹紧器　　　　图 7-33　液压自动夹紧器

3. 焊接转台的驱动动力

1）有些焊接不需要转动，只是做成固定的焊接平台，安装定位夹紧部件。

2）转台只需定位在有限的两个或几个固定的位置。

这种情况，采用分割器或槽轮机构（马氏机构）用普通电动机驱动就能实现精确定位。

作为分割器驱动动力，目前有以下两种驱动方式：图7-34所示的平行凸轮分割器，图7-35所示的槽轮分割器。

4. 回转量不固定或者需要满足柔性化生产的情况

这种情况，采用伺服电动机驱动，可以在任意角度进行精确的定位，如图7-36所示的卧式、立式伺服转台。

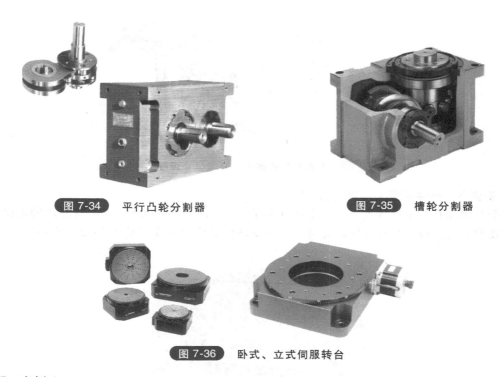

图 7-34 平行凸轮分割器 　　 图 7-35 槽轮分割器

图 7-36 卧式、立式伺服转台

5. 实例 1

汽车座椅工件 3D 图和汽车座椅工件装入焊接模具如图 7-37 和图 7-38 所示。

图 7-37 汽车座椅工件 3D 图 　　 图 7-38 汽车座椅工件装入焊接模具

6. 实例 2：儿童座椅支架机器人焊接工作站

（1）工件（见图 7-39）、焊接夹具（见图 7-40）

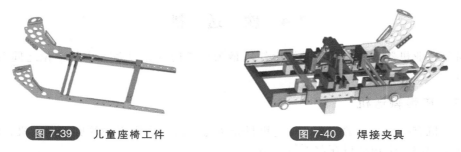

图 7-39 儿童座椅工件 　　 图 7-40 焊接夹具

（2）儿童座椅机器人焊接工作站（见图 7-41）

图 7-41 儿童座椅机器人（双工位）焊接工作站

7. 实例 3：一种机器人焊接转台

这个实例没有给出焊接模具，只介绍了转台。转台由伺服驱动，转台的旋转轴提供焊接模具需要的电气接口，装有回转坦克链，以方便转台做旋转运动（见图 7-42~图 7-44）。

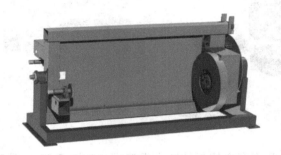

图 7-42 双工位机器人焊接转台的 3D 图

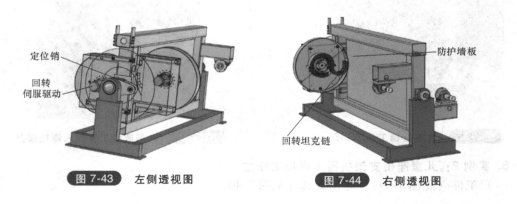

图 7-43 左侧透视图   **图 7-44** 右侧透视图

7.4 输 送 机

输送机是工业机器人的自动化系统中使用最为广泛的周边设备，也是工位之间联系必不可少的设备。

7.4.1 皮带输送机

皮带输送机有一个庞大的家族，在这里只介绍与机器人应用有关的皮带输送机，大型的、输送散料等重型的皮带输送机在此不做介绍。

皮带输送机在机器人系统中用于细小物体、表面较柔软的物体、形状不定的物体的输送，如食品的输送等。

皮带输送机是制造成本最低的一种输送机。皮带输送机不具有积放功能，若需要同时具有皮带输送机的输送效果和积放功能，可选择滚珠链板输送机或钢珠链板输送机。

皮带输送机从形式上分为水平皮带输送机、弯道皮带输送机和上坡皮带输送机等。

从功能上分，则有食品输送机、零件输送机等，不计其数。

1. 皮带输送线

图 7-45 所示为皮带输送线，各种形式的皮带输送机可组成输送线，也可与其他类型输送机组成混合输送线，如与链板输送机等组合。

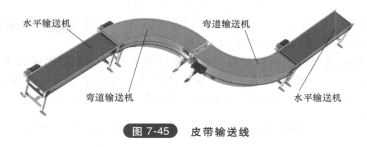

图 7-45 皮带输送线

2. 水平皮带输送机

图 7-46 所示为水平皮带输送机的正面；图 7-47 所示为水平皮带输送机的底面，可以看到底部的托滚托住底部的皮带；图 7-48 所示为水平皮带输送机的外形尺寸。

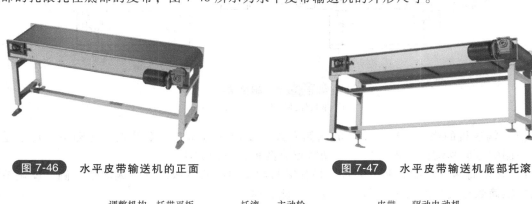

图 7-46 水平皮带输送机的正面

图 7-47 水平皮带输送机底部托滚

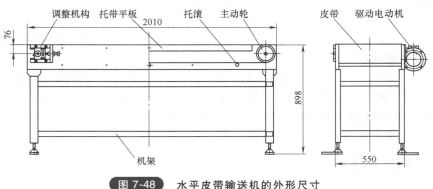

图 7-48 水平皮带输送机的外形尺寸

（1）输送机的输送带

1）织物芯输送带。织物芯输送带的典型结构如图 7-49 所示。它用棉或化纤织物挂胶后的胶布层为带芯材料，用橡胶（分为普通胶、耐热胶、硅胶、耐油胶等类）或 PVC 作为覆盖材料。用不同的带芯材料与覆盖材料可制成各种特性的输送带。

2）钢丝绳芯输送带。钢丝绳芯输送带是用特殊的钢丝绳作为带芯，用不同配方的橡胶作为覆盖材料，从而制成具有各种特性的输送带。带芯的钢丝绳由高碳钢制成，钢丝表面镀锌或镀铜，分为左、右捻两种，在输送带中间隔分布。钢丝绳芯输送带强度高，弹性伸长小，成槽性好，耐冲击，抗疲劳，能减小辊筒直径，使用寿命长，特别适于长距离输送。

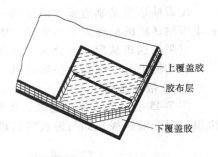

图 7-49　织物芯输送带结构

（2）输送机的主动辊筒和被动辊筒　辊筒分传动辊筒及改向辊筒两大类。传动辊筒与驱动装置相连，其外表面可以是裸露的金属表面（又称"光面"，用于机长较短时），也可包上橡胶层来增加摩擦系数。改向辊筒用来改变输送带的运行方向和增加输送带在传动辊筒上的包围角，一般均做成光面。辊筒的结构主要有钢板焊接结构（见图 7-50a）和铸造结构（见图 7-50b）两类。后者用于受力较大的大型带式输送机。

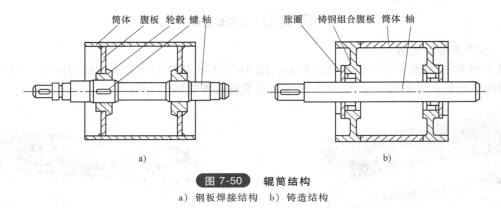

图 7-50　辊筒结构

a）钢板焊接结构　b）铸造结构

（3）输送机的张紧装置与皮带的调偏方式　皮带的运动有一个特点，运动中的皮带是向偏紧一侧的方向移动的。根据这个运动特点有两种调偏的方法。

1）在辊筒两支承端有调节装置，是张紧与调偏共用的机构，皮带偏向哪一侧，就调节哪一侧的辊筒顺着皮带运行方向前移，或另一侧后移。

2）将主动和被动的两个辊筒做成鼓形，即中间大两头小，这样皮带在运行的过程中如果偏向一侧，则另一侧皮带在鼓形的辊筒上被拉紧，迫使皮带自动偏回，起到自动调偏的作用。

3. 弯道皮带输送机

（1）外形图　图 7-51 所示为弯道皮带输送机外形图，图 7-52 所示为拆掉皮带的弯道输送机。

弯道皮带输送机一个最重要的运行特点是，在弯道半径皮带上的任一点的运行线速度与锥形辊筒对应点的线速度是相等的，从而保证弯道皮带的正常运行。

（2）外形尺寸（见图 7-53）

7.4.2　辊筒输送机

辊筒输送机适用于底部是平面的物料的输送，主要由传动辊筒、机架、支架、驱动头等部分组成，具有输送量大，速度快，运转轻快，能够实现多品种共线分流输送的特点。辊筒输送机能够输送单件重量很大的物料，或承受较大的冲击载荷，辊筒线之间易于衔接过渡。

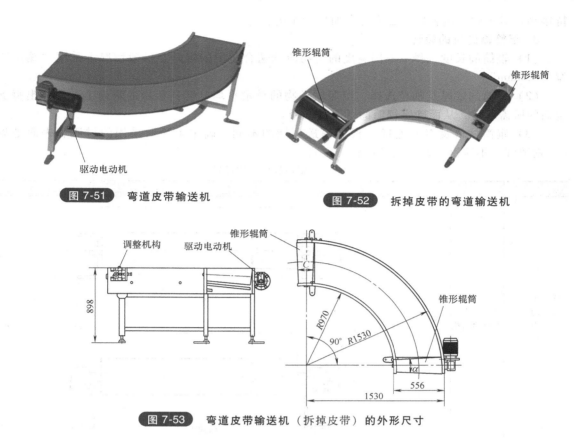

图 7-51　弯道皮带输送机

图 7-52　拆掉皮带的弯道输送机

图 7-53　弯道皮带输送机（拆掉皮带）的外形尺寸

可采用积放辊筒实现物料的积放输送。积放式辊筒输送线既能输送物品，又能在输送线上暂存物品。

驱动方式可以是电动机驱动或电辊筒驱动，可由阻挡来实现。

辊筒输送机结构简单，可靠性高，使用维护方便。动力辊筒线考虑驱动链条抗拉强度，最长单线长度一般不超过 10m。

1. 辊筒输送机的种类

辊筒输送机按材质载重分类，有包胶辊筒输送机、厚壁重载辊筒输送机、不锈钢辊筒输送机。

按输送形式分类，有水平辊筒输送机、上坡辊筒输送机、弯道辊筒输送机、无动力辊筒输送机、积放式辊筒输送机等。

尺寸规格：直段辊筒所用的辊筒直径有 38mm、50mm、60mm、76mm、89mm 等。转弯辊线标准转弯内半径为 300mm、600mm、900mm、1200mm 等，转弯辊筒的锥度根据输送物体的重量、外形尺寸、线速度等来设计。

2. 辊筒输送机的主要技术参数

1）输送物体的长度、宽度和高度。

2）每一输送单元的重量。

3）输送物的底部状况。

4）有无特殊工作环境的要求（如湿度、高温、化学品的影响等）。

5）输送机是属于无动力式还是动力驱动式。

6）辊筒输送机的形式，见表 7-1。

为确保货物能够平稳输送，必须在任何时间点上都至少有两个以上的辊筒与输送物体保持接触。对于软袋包装物,必要时应加托盘输送。

3. 辊筒输送机的设计

(1)辊筒的长度选择 不同宽度的货物应选适合宽度的辊筒,一般情况下采用"输送物宽度+50mm"。

(2)辊筒的壁厚及轴径选择 按照输送物的重量平均分配到接触的辊筒上,计算出每支辊筒的所需承重,从而确定辊筒的壁厚及轴径。

(3)辊筒材料及表面处理 根据输送环境的不同,确定辊筒所采用的材质和表面处理(碳钢镀锌、不锈钢、发黑还是包胶)方式。

表 7-1 辊筒输送机的形式

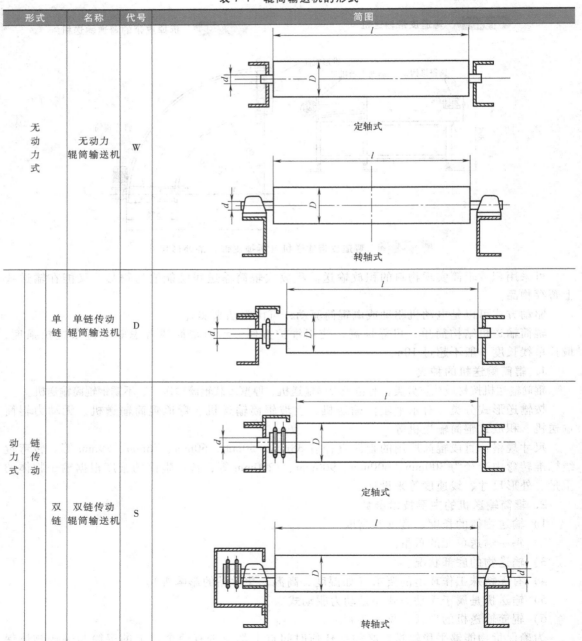

形式		名称	代号	简图
无动力式		无动力辊筒输送机	W	定轴式 / 转轴式
动力式	链传动	单链	D	单链传动辊筒输送机
		双链	S	双链传动辊筒输送机 定轴式 / 转轴式

（续）

形式		名称	代号	简图
动力式	带传动	平带 平带传动辊筒输送机	P	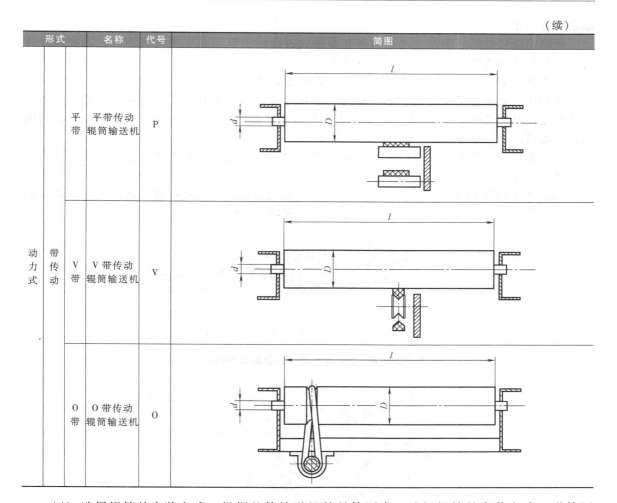
		V带 V带传动辊筒输送机	V	
		O带 O带传动辊筒输送机	O	

（4）选择辊筒的安装方式　根据整体输送机的具体要求，选择辊筒的安装方式：弹簧压入式、内牙轴式、全扁榫式、通轴销孔式等。对于弯道机的锥形辊筒，其滚面宽度及锥度视货物尺寸和转弯半径而定。

4. 辊筒输送机的组成

（1）辊筒输送线（见图7-54）　辊筒输送机用于纸箱、周转箱等底面积较平、较大的物料的输送；有时用于垛板的输送。辊筒输送机能承载较大的重量，由于是滚动输送，摩擦阻力较小。

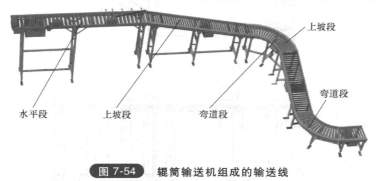

水平段　　上坡段　　弯道段　　上坡段　　弯道段

图7-54 辊筒输送机组成的输送线

用于上坡输送时，上坡角度不宜过大，应在15°左右，否则可能发生打滑。辊筒用于弯道输送时容易实现。

辊筒输送机辊筒的驱动方式有两种基本形式，即链条驱动和皮带托滚驱动，除此以外还有圆形传动带分支驱动方式、无动力托滚等。

链条驱动方式比较可靠，使用最多，但噪声也较大。

皮带托滚驱动方式噪声很小，但输送线不宜过长，载荷不宜过重，否则易打滑，一般输送线长度控制在 2m 以内。在规整输送时起着积放辊筒的作用，在物料堆积时，皮带与辊筒间打滑，辊筒静止不动。

由于辊筒输送机有打滑现象，因此输送的定位精度不高，要实现精确定位时还需要借助其他辅助措施。

（2）水平段辊筒输送机　图 7-55 所示的水平辊筒输送机由皮带托滚驱动，图 7-56 所示的水平辊筒输送机由链条驱动，图 7-57 所示的水平辊筒输送机外形尺寸。

驱动电动机　机架　　　皮带托滚驱动　输送辊筒

图 7-55　水平段皮带托滚驱动辊筒输送机

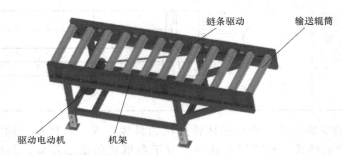

链条驱动　　　输送辊筒

驱动电动机　　　机架

图 7-56　水平段链条驱动辊筒输送机

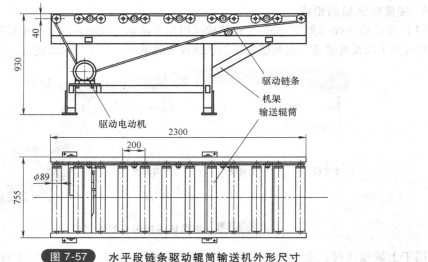

驱动链条

机架
输送辊筒

驱动电动机

图 7-57　水平段链条驱动辊筒输送机外形尺寸

（3）弯道辊筒输送机　图 7-58 所示为弯道辊筒输送机外形尺寸，采用 8 字链条驱动方式。

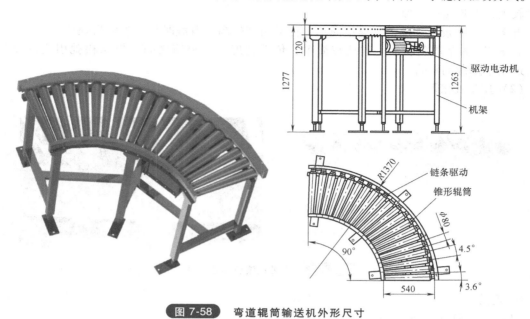

图 7-58　弯道辊筒输送机外形尺寸

5. 辊筒的驱动方式

（1）链条驱动方式（见图 7-59～图 7-61）

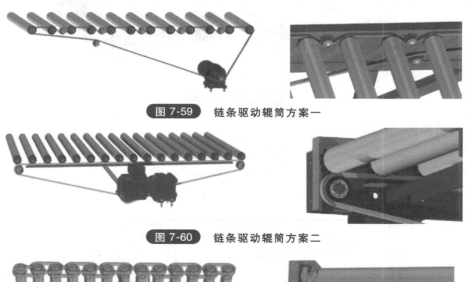

图 7-59　链条驱动辊筒方案一

图 7-60　链条驱动辊筒方案二

图 7-61　链条驱动辊筒方案三

　　方案比较：方案一　链条直接驱动。连接可靠，传动精度高，不会发生跳齿，承载能力相对较大，但连接较为复杂。

　　方案二　链条托条驱动。连接简单，传动精度较高，重载时易发生跳齿现象。

　　方案三　8字链条驱动。连接较简单，传动精度差，辊筒之间有链条松弛引起的累计误差，适用于重载的场合。

　　（2）皮带托滚驱动方式（见图7-62）

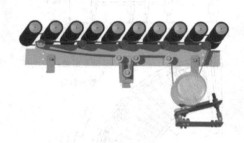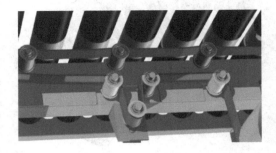

图 7-62　皮带托滚驱动辊筒方式

6. 辊筒

　　（1）直辊筒（见图7-63）

图 7-63　直辊筒

　　（2）弯道辊筒（见图7-64）

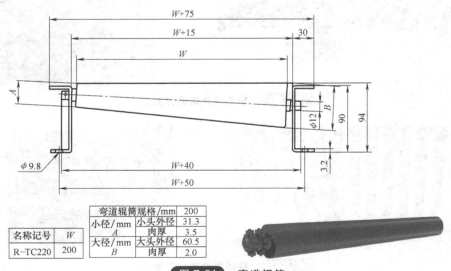

弯道辊筒规格/mm		200
小径/mm A	小头外径	31.3
	肉厚	3.5
大径/mm B	大头外径	60.5
	肉厚	2.0

名称记号	W
R-TC220	200

图 7-64　弯道辊筒

（3）积放辊筒（见图7-65）

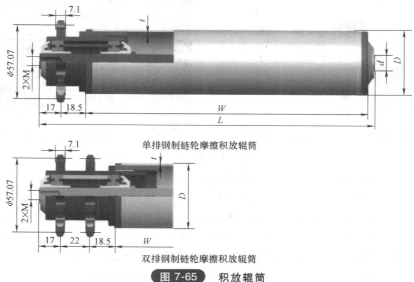

单排钢制链轮摩擦积放辊筒

双排钢制链轮摩擦积放辊筒

图 7-65 积放辊筒

7.4.3 链板输送机

链板输送机因采用的链板形式与链板的材料不同而各不相同。如采用 ABS 或不锈钢材料制造的链板式输送机、采用乙缩醛材料制造的可输送膜包的具有积放功能的平顶滚珠链输送机、采用乙缩醛制造的可大角度拐弯的龙骨链输送机等。

1. **几种链板输送机图例**（见图7-66~图7-71）

2. **制造链板所使用的材料**

1）金属材料。SSC/SSR　　　　　铬镍不锈钢合金，具有高强度、高耐磨性。

图 7-66 膜包钢珠网板链输送机

图 7-67 膜包平顶链板输送机

图 7-68 钢珠网板链输送机

图 7-69 输送利乐包的龙骨链输送机

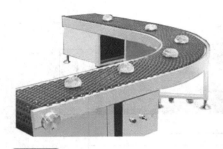

图 7-70　用于食品制造的链板输送机

图 7-71　链板输送机的输送汇流处理

| SS | 805/815/881 | 奥氏体铬镍不锈钢，耐化学腐蚀。 |

SS　　805/815/881　　奥氏体铬镍不锈钢，耐化学腐蚀。

SS　　802/812　　　　铁素体铬不锈钢，高强度，耐磨。

S/SC　　　　　　　　调质钢，适合于玻璃制品，抗高负荷和耐磨。

SSB 0Cr18Ni9（304，ASTM 标准）/00Cr18Ni10（304L，ASTM 标准）/0Cr17Ni12Mo2（316，ASTM 标准）奥氏体不锈钢，无磁，耐强酸强碱。

2）工程塑料。ABS　丙烯腈-苯乙烯-丁二烯共聚物，强度高，韧性好。

XL　　低摩擦阻力的乙缩醛，用于中、高速输送。

LF　　低摩擦阻力自润滑的乙缩醛，用于高速输送。

HP　　高自润滑性能乙缩醛，用于干燥无润滑的场合。

PS　　高端自润滑乙缩醛，用于高速、高耐磨场合。

MX　　聚酰胺复合材料，是比乙缩醛更高端的材料，可用于恶劣环境，耐磨性及寿命更高。

3. 常用的链板元件

链板形式有很多，仅介绍几种常用的链板零件。

1）平板链，多用于瓶子、利乐包输送（见图 7-72～图 7-77）。

图 7-72　不锈钢直行平板链

图 7-73　塑料直行平板链

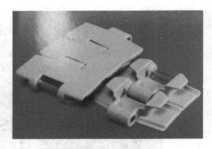

图 7-74　转弯平板链

图 7-75　平板链主动轮

图 7-76　平板链被动轮

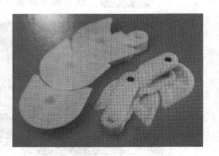

图 7-77　圆弧转弯平板链

2）龙骨链，可用于利乐包输送（见图7-78、图7-79）。

图 7-78　塑料龙骨链

图 7-79　金属龙骨链

3）滚珠链，可用作软包装积放式输送（见图7-80、图7-81）。

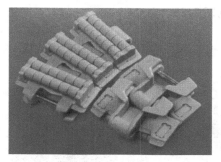

图 7-80　转弯滚珠链板

图 7-81　直线滚珠链板

4）顶部开放网板链，可用于杀菌、冲洗的瓶子输送（见图7-82、图7-83）。

图 7-82　顶部开放网板链1

图 7-83　顶部开放网板链2

5）平顶网板链，多用于糕点食品、散件等输送（见图7-84、图7-85）。

图 7-84　平顶网板链1

图 7-85　平顶网板链2

6）滚珠网板链，多用作膜包等积放式输送（见图 7-86、图 7-87）。

图 7-86　滚珠网板链 1

图 7-87　滚珠网板链 2

7）梳齿板过渡网板链，多用于瓶子的输送（见图 7-88、图 7-89）。

图 7-88　梳齿平顶网板链

图 7-89　梳齿板

网板链传动轮如图 7-90、图 7-91 所示。

图 7-90　圆孔传动轮

图 7-91　方孔传动轮

网板链使用图例如图 7-92、图 7-93 所示。

4. 输瓶机

一种用于瓶子、易拉罐、利乐包的链板输送机（见图 7-94～图 7-97），在工业机器人应用中常用于装箱输送的前段。

输瓶机采用 ABS 直行平板链输送，普通电动机减速器驱动，可以加装阻瓶器等部件。

图 7-92　用于巴氏杀菌的网板链

图 7-93　网板链与链板输送机的直角连接

7.4.4　链条输送机

链条输送机可用来输送铁板、木板、塑料板等板材，如双侧链输送机可用于垛板的输送，在需要改变输送方向时，与辊筒输送机配合可很好地完成。

链条输送可分为双列链条输送和多列链条输送。

1. 双列链条输送机

图 7-98 所示为双列链条输送机。双列链条输送机用于输送宽度及底面形状固定的垛板及装载其上的物料，负重一般为

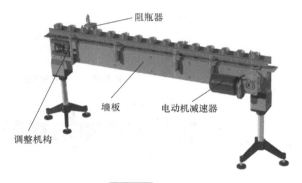

图 7-94　输瓶机

1~2t，采用重型导筒滚子链，输送更重的重载时则采用双侧链或多侧链传动。图 7-99 所示为双列链条输送机外形尺寸。

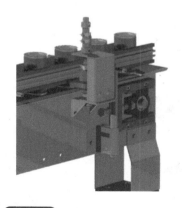

图 7-95　输瓶机加装的阻瓶器

图 7-96　输瓶机动力头局部

（1）垛板输送机

1）垛板输送机工作条件。

① 垛板规格统一，长度误差≤20mm。

② 垛板无破损，底面平整。

③ 垛板输送机的工作环境温度为-25~45℃，湿度≤90%。

④ 垛板的输送速度≤20m/min。

2）垛板输送机的结构形式（见表 7-2）。

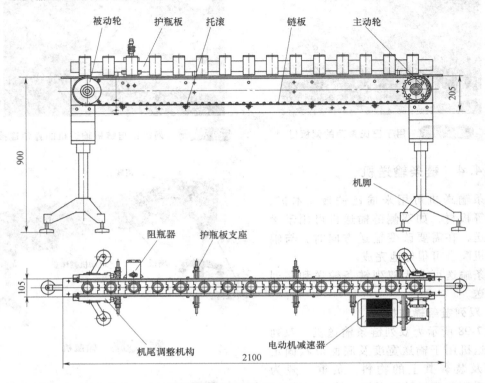

图 7-97 输瓶机外形尺寸

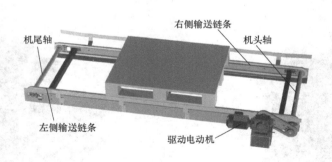

图 7-98 双列链条（垛板）输送机

（2）重载双列链条输送机（见图 7-100、图 7-101）

（3）倾斜放置的插件生产线 倾斜放置的插件生产线由双列链条输送机组成，是为了便于人工操作（见图 7-102）。

（4）其他双列链条输送机的例子如图 7-103、图 7-104 所示。

（5）链条 链条输送机一般采用直板滚子链条，特点是滚子的直径一定小于直板的宽度，承载物体落在直板上，滚子在链条导轨上滚动。

节距有标准节距和非标准节距之分，也有直接采用标准滚子链的情况。

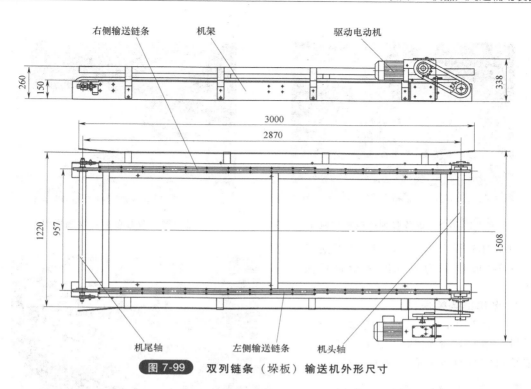

右侧输送链条　　机架　　驱动电动机

机尾轴　　左侧输送链条　　机头轴

图 7-99　双列链条（垛板）输送机外形尺寸

表 7-2　垛板输送机的结构形式

序号	代号	简　图
单排链传动辊筒输送机	A	
双排链传动辊筒输送机	B	
链条直接输送机	C	
链条加辊筒输送机	D	

图 7-100　重载多列链条输送机 1

图 7-101　重载多列链条输送机 2

图 7-105 所示为标准节距直板滚子链，图 7-106 所示为非标准节距直板滚子链。

2. 多排链条输送机

图 7-107 ~ 图 7-109 所示为多排链条输送机，多排链条输送机用于钢板或者其他较重的具有较大底平面的物料。

7.4.5　物料的变道输送机

物料在输送时经常要变换方向。除了上面介绍过的弯道输送机外，还有的是通过物料的变道输送机改变物料的输送方向。

图 7-102　倾斜放置的插件装配线

图 7-103　电器装配生产线

图 7-104　插件生产线

图 7-105　标准节距直板滚子链

图 7-106　非标准节距直板滚子链

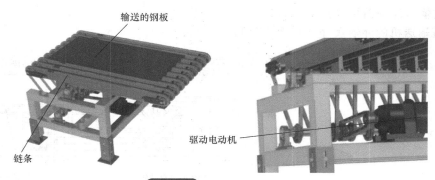

输送的钢板

驱动电动机

链条

图 7-107 多排链条输送机

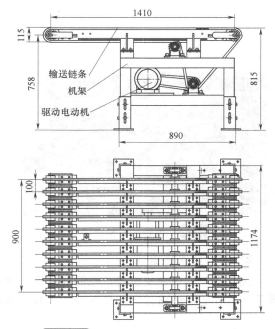

输送链条

机架

驱动电动机

图 7-108 多排链条输送机输送钢板

图 7-109 多排链条输送机外形尺寸

这里介绍一种辊筒输送与链条输送组合的90°变道输送。

1. 变道输送机的 3D 图

钢板由辊筒输送机输入停止后，多列链条输送机升起，钢板由链条输送机垂直于原来的方向送出。图 7-110 所示为变道输送机的辊筒输入，图 7-111 所示为变道输送机的链条输出。

图 7-110 变道输送机——辊筒输入

图 7-111 变道输送机——链条输出

2. 变道输送现场图片（见图7-112）

3. 变道输送机的外形尺寸（见图7-113）

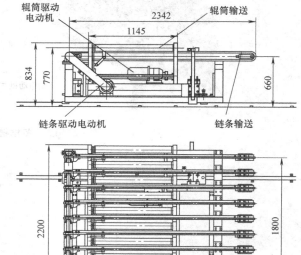

图 7-112 变道输送机使用现场

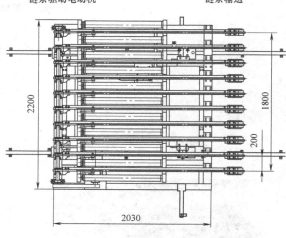

图 7-113 变道输送机的外形尺寸

4. 变道输送机局部

图7-114所示为变道输送机的局部图，表现辊筒输送的驱动方式和链条输送的驱动方式，图7-115所示变道输送机的局部图，表现链条输送的升降方式。

图 7-114 变道输送机的局部图1

图 7-115 变道输送机的局部图2

5. 其他变道输送方式（见图7-116~图7-121）

7.4.6 悬挂链输送机

悬挂链输送机通常悬挂于工作区上方，物料挂在钩子或其他装置上，可利用建筑结构搬运重物。悬挂链输送机适用于厂内组件物品的空中输送，运输距离由十几米到几千米，输送物品单件质量由几千克到 5t，运行速度为 0.3～25m/min。悬挂链输送机所需驱动功率小，设备占地面积小，便于组成空间输送系统。

　　悬挂链输送机在工业机器人系统中，常用于产品的涂装生产线和装配生产线（见图 7-122 和图 7-123）。

图 7-116　动力上升托滚变道方式

图 7-117　包裹的变道分拣系统

图 7-118　啤酒箱的分道输送机

图 7-119　辊筒输送变道转盘

图 7-120　90°直角换向辊筒输送

图 7-121　倍速链输送机的 90°顶升变道

图 7-122　用于汽车装配（长春马自达）

图 7-123　用于自行车装配

1. 普通悬挂链输送机

图 7-124 是普通悬挂链输送机的悬挂链挂架，是最简单的架空输送机械，它有一条由工字钢一类的型材组成的架空单轨线路。承载滑架（见图 7-125）上有一对滚轮，承受货物的重量，沿轨道滚动。吊具挂在滑架上，如果货物太重，可以用平衡梁把货物挂到两个或四个滑架上，滑架由链条牵引。由于架空线路一般为空间曲线，要求牵引链条在水平和垂直两个方向上都有很好的挠性，一般采用可拆链。标准可拆链的链环转角为 2°40′～3°12′，垂直弯曲半径较大。特种可拆链的内环端部制成圆棱状，链环转角增大至 12°～14°，垂直弯曲半径可减小至 600mm 左右。链条可以由链轮驱动，也可以由履带式驱动装置驱动。转向处可用链轮，也可以用滚柱组转向装置。悬挂链输送机的上下料作业是在运行过程中完成的，通过线路的升降可实现自动上料。

图 7-124　悬挂链挂架

图 7-125　承载滑架实物

2. 悬挂链的驱动

悬挂链有两种驱动方式，图 7-126 所示为悬挂链的直线驱动，图 7-127 所示为悬挂链的角向驱动。

图 7-126　悬挂链的直线驱动

图 7-127　悬挂链的角向驱动

3. 悬挂链的另一种悬挂方式（见图 7-128）

悬挂轨道由工字钢变为下面开口的空心方钢，挂架及传动链条藏于方钢内运动，外观上比前者整洁，最大承载力不及前者，制造比前者复杂，制造成本也稍高，驱动方式基本相同。

7.4.7　倍速链输送机

1. 倍速链的工作原理

从原理图 7-129 看出，倍速链与物料接触的部件

图 7-128　悬挂链的另一种悬挂方式

叫物料滚，与导轨接触的部件叫运行滚，物料滚、运行滚和链条三者在运动中的线速度各不相同。因物料滚与运行滚是一体的，其角速度相等，各自外径顶部的线速度因直径不同而不相等。三者的关系如下：

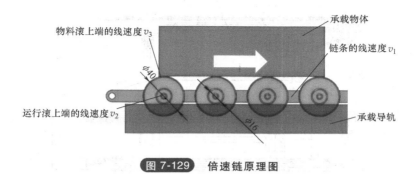

物料滚上端的线速度 v_3 　　　　　　承载物体

运行滚上端的线速度 v_2 　　　　链条的线速度 v_1

承载导轨

图 7-129 倍速链原理图

设链条的线速度为 v_1，运行滚顶部的线速度为 v_2，物料滚顶部的线速度为 v_3，则

$$v_2 = 2v_1$$

$$v_3 = \frac{40}{16}v_2 = 2.5v_2$$

$$= 2.5 \times 2v_1 = 5v_1$$

因此，承载物体的运行速度理论上与物料滚顶部的线速度相同，则物料滚以 5 倍于链条的运行速度、方向与链条同方向运动。改变物料滚或运行滚的外径就能改变倍速链的运动放大倍数，一般放大倍数取 2.5～3 倍。

倍速链多用于设备制造的装配生产线、汽车装配生产线、电器装配生产线，因为输送可以接力，也常用于长距离输送，同时也能方便地实施转向输送，在工业生产中得到比较广泛的应用。

2. 倍速链输送线主体结构

从图 7-130 可以看出，倍速链输送线主要由倍速链条、导轨支承、驱动机构、链条张紧机构、止动气缸、工装托板等组成。倍速链输送机外形尺寸如图 7-131 所示。

驱动机构　　　　倍速链条

工装托板

止动气缸

导向板

导轨支承

张紧机构

图 7-130 倍速链输送线主体结构

倍速链输送机参数：线体宽度：250～1000mm；高度：750～1000mm；线体长度：单段驱动最长可达 30～40m；输送速度：2～20m/min。

3. 倍速链条

图 7-132 所示为倍速链条，应根据承载能力、倍速链的倍数选用不同的倍速链条。具体选用则参考生产厂商的产品样本。

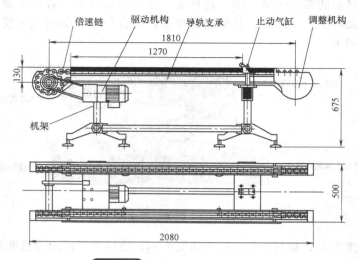

图 7-131　倍速链输送机外形尺寸

图 7-132　倍速链条

4. 倍速链条的安装方式

图 7-133 所示倍速链条的导轨支承可由各种型号尺寸的铝型材制造，其他连接元件几乎都有定型产品，只需正确选型即可方便地组装成型。图 7-134 所示为倍速链条的装配。

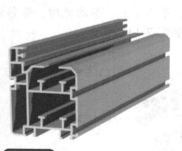

图 7-133　倍速链条的导轨支承

图 7-134　倍速链条的装配

5. 工装托板

工装托板在倍速链输送作业中必不可少，需根据输送机尺寸、工件要求、机器人的定位要求进行特殊制作。

6. 止动机构

一般选用定型产品止动气缸，如图 7-135 所示。因需要也可另行特制，如图 7-136 所示的特制的止动装置。

止动板的动作由程序控制，在人工生产线上则由脚踏开关控制。止动开启时，工装托板停止运动，处于积放状态。

小负载时，气缸轴内部装有压缩弹簧可缓冲因工装托板在停止时的冲击。在重载场合，采用液压缓冲方式，吸收工装托板停止时的冲击。

图 7-135 止动气缸

图 7-136 特制的止动装置

7. 驱动机构

图 7-137、图 7-138 所示为驱动机构，主要由普通电动机减速器和传动链等组成，视输送机长度、运行速度和负载等条件选型。

图 7-137 驱动机构

图 7-138 驱动机构的一个实例

8. 回转导向座

倍速链输送机大都采用定型铝合金轨道支承作为输送机墙板。轨道支承上段空间为承载段，工装托板在上方运行；下段空间用于链条的循环，称为返回段。图 7-139 所示为回转导向座。为了紧促利用空间，上段紧挨下段制造，上下两段导轨之间的距离比驱动链轮的直径小，需要使倍速链条沿着回转导向座顺利导入导轨支承内。

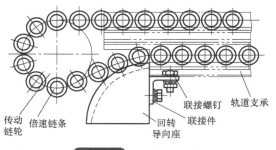

图 7-139 回转导向座

9. 倍速链输送的变道

图 7-140 所示为倍速链的变道输送机，通过顶升变道装置如图 7-141 所示，被输送的物体可以方便地变换输送链道。

图 7-140 倍速链的变道输送机

图 7-141 倍速链顶升变道装置

习 题

1. 简述纸箱码垛规整线的工作过程，并用一个简图说明纸箱码垛规整系统的组成。

2. 作为机器人码垛，根据纸箱与袋装产品的特性不同，分析纸箱产品规整线与袋装产品规整线的不同之处及应对办法。

3. 在喷涂机器人系统中，移动平台与旋转台的作用是什么？

4. 请指出用普通电动机驱动的分割器与伺服电动机驱动的转台的定位方式的区别。

5. 请分别列举皮带输送机、辊筒输送机、链板输送机、链条输送机、悬挂链输送机、倍速链输送机等各自的应用范围以及适用于何种物料的输送。

项目8

工业机器人应用系统

8.1 概　述

工业机器人在工业生产中得到广泛应用，有些应用技术已经非常成熟，有些领域才刚开始进入，有些领域还需要我们去探索，在这里只对已经成熟的技术做介绍。

8.2　机器人焊接系统

机器人焊接是工业机器人应用最早，最成熟和使用数量最多的一个领域，首先在汽车制造厂得到使用。机器人焊接与人工焊接比较有如下优点：

1）焊接质量稳定。人在不同的时刻受环境、人际关系影响出现的情绪波动，会直接影响焊接的质量。

2）避免人体受到伤害。在焊接过程中，有害气体、有害射线、高热都对人体有伤害。

3）无差错的稳定工作。任何人都有精力分散或发呆的一刻，从而出现差错，而机器人可以避免。

4）可以连续（24h）工作。

焊接机器人系统主要包括机器人和焊接设备两部分。机器人由机器人本体和控制柜（硬件及软件）组成。介绍焊接装备以弧焊及点焊为例，由焊接电源（包括其控制系统）、送丝机（弧焊）、焊枪（钳）等部分组成。机器人的智能部分应包括传感系统，如激光或摄像传感器及其控制装置等。

各品牌的焊接机器人都采用六轴关节机器人，其中一、二、三轴决定焊枪的空间位置，而四、五、六轴决定焊枪的空间姿态。焊接机器人本体的机械结构主要有两种形式：一种为平行四边形结构，另一种为侧置式（摆式）结构。侧置式（摆式）结构的主要优点是上、下臂的活动范围大，使机器人的工作空间几乎能形成一个球体。因此，这种机器人可倒挂在机架上工作，以节省占地面积，方便地面物件的运动。但是这种侧置式机器人，二、三轴为悬臂结构，降低了机器人的刚度，一般适用于负载较小的机器人，用于电弧焊、切割或喷涂。平行四边形机器人的上臂是通过一根拉杆驱动的。拉杆与下臂组成平行四边形的两条边，故而得名。早期开发的平行四边形机器人的工作空间比较小（局限于机器人的前部），难以倒挂工作。20世纪80年代后期以来开发的新型平行四边形机器人（平行机器人），已能把工作空间扩大到机器人的顶部、背部及底部，并且又没有侧置式机器人的刚度问题，从而得到普遍的重视。这种结构不仅适合于轻型，也适合于重型机器人。

8.2.1 机器人 MIG/MAG 焊接系统

MIG 焊（熔化极气体保护电弧焊）是利用连续送进的焊丝与工件之间燃烧的电弧作为热源，由焊枪嘴喷出的惰性气体来保护电弧进行焊接的。惰性气体一般为氩气。

MAG 焊（熔化极活性气体保护焊）是采用在惰性气体中加入一定量的活性气体（如 O_2、CO_2 等）作为保护气体的一种熔化极气体保护电弧焊方法。

MIG 和 MAG 的区别就是它们用的保护气体不一样！

作为焊接材料的焊丝同时也是电极，在焊接时被熔化到焊缝里，使用较多的是 CO_2 保护焊，即 MAG 焊接。CO_2 保护焊多用于碳钢的焊接。

1. MAG 焊接机器人

弧焊机器人多采用气体保护焊（MAG、MIG、TIG），通常的晶闸管式、逆变式、波形控制式、脉冲或非脉冲式等的焊接电源都可以装到机器人上进行电弧焊。由于机器人控制柜采用数字控制，而焊接电源多为模拟控制，所以需要在焊接电源与控制柜之间加一个接口。近年来，国外机器人生产厂都有自己特定的配套焊接设备，这些焊接设备内已经内置相应的接口板。图 8-1 是 MAG 焊接机器人系统图。

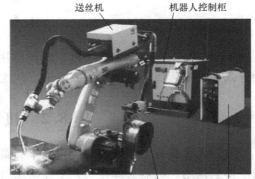

图 8-1 MAG 焊接机器人系统图

送丝机构可以装在机器人的手臂上，也可以放在机器人之外，前者焊枪到送丝机之间的软管较短，有利于保持送丝的稳定性，而后者软管较长。当机器人把焊枪送到某些位置，使软管处于多弯曲状态时，会严重影响送丝的质量。所以送丝机的安装方式一定要保证送丝的稳定性。

2. MAG 焊接机器人与其他机器人的区别

1）送丝机与焊丝盘一般都固定在机器人本体上，这是 MAG 焊接机器人与其他机器人外观不同的地方。

2）焊接机器人都有起弧动作和电弧传感与跟踪，所以机器人控制柜与焊机电源、送丝机、保护气体阀之间必须做交互联系协同动作，所以机器人控制柜电路与控制程序有所不同。

3）有些焊接机器人引入了焊缝自动跟踪系统。所谓焊缝跟踪，即以焊炬为被控对象，以电弧（焊枪）相对于焊缝中心位置的偏差作为被调量，通过视觉传感器、接触传感器、超声波传感器、电弧传感器等多种传感测量手段，控制焊枪，使其在整个焊接过程中始终与焊缝对口。

接触传感器是依靠在坡口中滚动或滑动的触指引导机器人焊枪与焊缝之间的位置偏差反映到检测器内，并利用检测器内装的微动开关判断偏差的极性，其结构简单，操作方便，不受电弧烟尘和飞溅的影响，但是对不同形式的坡口需使用不同探头，磨损大，易变形，点固点障碍难以克服。十字滑块跟踪器是接触传感中的一种。

超声波传感器是利用发射出的超声波在金属内传播时在界面产生发射的原理制成的，是一种比较先进的焊缝跟踪传感器，应用在跟踪系统中，跟踪的实时性好。但是由于传感器要贴近工件，不可避免地会受到焊接方法和工件尺寸等的严格限制；还需要考虑外界振动、传播时间等因素，对金属表面状况要求高，因此其应用范围受到限制。

视觉传感器具有提供信息量丰富，灵敏度和测量精度高，抗电磁场干扰能力强，与工件无接触的优点，但是算法复杂，处理速度慢。图 8-2 所示为视觉传感焊缝跟踪。

电弧传感器作为一种实时传感的器件，与其他类型的传感器相比，具有结构较简单、成本低和响应快等特点。

3. MAG 机器人焊接系统组成

（1）焊接机器人本体　选用机器人控制系统适用于焊接的，同时具有机器人焊接接口的六轴机器人，负重要求为 16~25kg。

（2）焊接电源　图 8-3 所示为（林肯）LINCOLN POWER WAVE i400 焊接电源。常用的焊机品牌有林肯、福尼斯、肯比、米勒、EWM 和松下。

（3）送丝机　8-4 所示为 4R90 送丝机实物图。

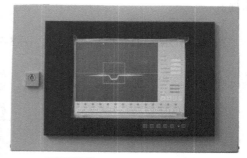

图 8-2　视觉传感焊缝跟踪

图 8-3　LINCOLN POWER
WAVE i400 焊接电源

图 8-4　4R90 送丝机

（4）焊枪　图 8-5、图 8-6 所示为焊枪外形。当前采用较多的焊枪为 BINZEL（宾采尔）焊枪。

图 8-5　焊枪

图 8-6　BINZEL 焊枪

（5）清枪装置　图 8-7 所示为清枪装置的外形。清枪装置具有以下作用：

1）清理枪口上附着的金属渣。

2）剪断残丝，创造新的焊丝切口。

8.2.2　机器人 TIG 焊接系统

TIG 焊（惰性气体钨极保护焊）的热源为直流电弧，工作电压为 10~15V，但电流可达 300A，把工件作为正极，焊炬中的钨极作为负极。惰性气体一般为氩气，即通常所说的氩弧焊。

1. TIG 焊接机器人

图 8-8 所示为 TIG 焊接机器人，图 8-9 所示为机器人 TIG 焊接系统示意图。

图 8-7　清枪装置

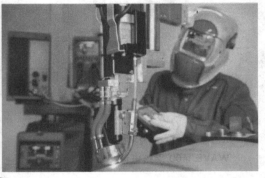

图 8-8　TIG 焊接机器人

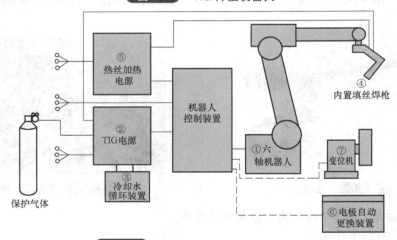

图 8-9　机器人 TIG 焊接系统示意图

2. 机器人 TIG 焊接系统与 MIG/MAG 焊接系统的区别

（1）焊枪的区别　MIG/MAG 焊接的焊丝即为电极，在焊接的过程中电弧将其熔融，边熔融边补充，所以要求送丝机构工作非常稳定。

TIG 焊接的电极是钨针，其只产生高温等离子态电弧，是不能被熔融的，紧靠钨极有专门的送丝通道，在高温离子态及电弧的作用下不断地熔融，不断地得到补充，通俗叫填料氩弧焊接。

（2）送丝机的区别　TIG 焊接的送丝机与 MIG/MAG 焊接的送丝机也有所不同，TIG 焊接需要对焊丝进行加热，使其达到一定的预热温度，最终实现高速、高效的目的。

一般 TIG 焊焊丝的预热温度为 300℃，最高可达到 510℃ 的预热温度。

$$
\text{热丝 TIG 焊}
\begin{cases}
\text{单丝}
\begin{cases}
\text{电阻加热热丝 TIG 焊} \\
\text{高频感应加热 TIG 焊} \\
\text{电弧加热热丝 TIG 焊}
\end{cases} \\
\text{双丝热丝 TIG 焊} \\
\text{窄间隙}
\begin{cases}
\text{单道摆动 TIG 焊} \\
\text{双道摆动 TIG 焊} \\
\text{单道不摆动 TIG 焊} \\
\text{旋转电弧 TIG 焊}
\end{cases} \\
\text{新型热丝 TIG 焊（TOP-TIG）} \\
\text{高速热丝 TIG 焊}
\end{cases}
$$

TIG 焊接与 MIG/MAG 焊接对于机器人本体的要求没有根本的区别。

3. TIG 机器人焊接系统的组成

（1）TIG 焊接机器人本体　选用 TIG 焊接机器人的要求与选用 MIG/MAG 焊接机器人的要求一样，机器人选择的负重为 16～25kg。

（2）焊接电源（见图 8-10、图 8-11）

图 8-10　TIG 焊接电源（福尼斯）

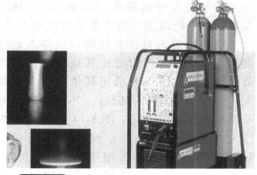

图 8-11　ORBITALUM 焊接电源（德国）

（3）焊枪（见图 8-12）

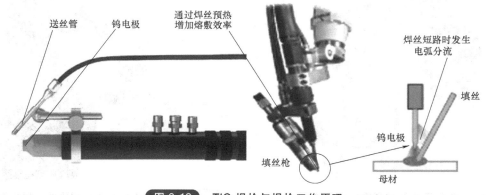

图 8-12　TIG 焊枪与焊枪工作原理

（4）电极自动交换装置　TIG 焊接的连续无人化运转，难点在于钨极的更换，将电极自动更换装置与机器人用焊枪进行组合使用就彻底解决了这个难题，可以连续无人化运转。

（5）TIG 焊接送丝机（见图 8-13）

图 8-13　TIG 焊接送丝机

8.2.3　机器人点焊焊接系统

点焊机器人在汽车制造厂使用最多、最普及。点焊焊接系统包括点焊焊机和点焊焊钳两部分。焊钳有很多种形式，如 C 型焊钳、X 型焊钳等，所用焊钳的种类是由用户选择的。机器人本体和点焊焊接系统在计算机的控制下构成点焊机器人系统。

1. 点焊机器人

近年来点焊机器人（负载 100～165kg）大多选用平行四边形结构形式的机器人。

点焊机器人对比其他焊接机器人也是六轴机器人，因为焊钳要比其他焊接的焊枪复杂而且要重，所以要求比其他机器人的负重大，一般负重 100～165kg。其控制柜的电路及控制软件有所不同。图 8-14 所示为点焊机器人在东风日产生产车间的使用情景，图8-15所示为背负气动 X 型焊钳的点焊机器人，图 8-16 所示为背负 C 型电动焊钳的点焊机器人。

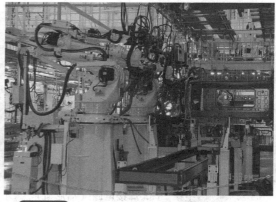

图 8-14　东风日产的点焊机器人（发那科）

图 8-15　背负气动 X 型焊钳的点焊机器人

图 8-16　背负 C 型电动焊钳的点焊机器人

2. 焊钳

焊钳是电焊机的重要部件，焊接时需给予工件一定的压力，才能使两工件接触良好，瞬间电流使工件焊接良好。

为了在焊接时对工件施压，焊钳结构有气动型、电动型、C 型、X 型等多种形式，要针对工件选择合适的焊钳（见图 8-17～图 8-20），图 8-21 给出了焊钳在不到 1s 时间内的压力变化。图 8-22 是机器人点焊系统图。

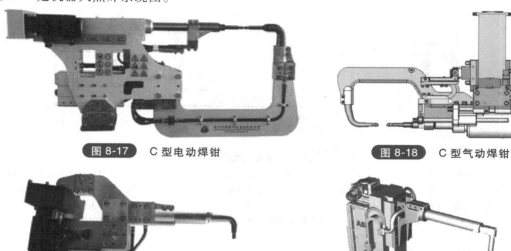

图 8-17　C 型电动焊钳　　　　　　　　图 8-18　C 型气动焊钳

图 8-19　X 型焊钳　　　　　　　　图 8-20　C 型焊钳

	压力/kgf①	结束条件	
结束压力	100.0		
一次压力	200.0	加压时间	0.20s
二次压力	150.0	加压时间	0.10s
三次压力	220.0	加压时间	0.20s
四次压力	180.0	等待结束	

① 1kgf=9.8N。

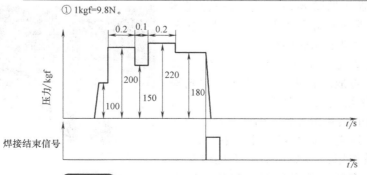

图 8-21　焊接过程不同时间焊钳施压压力变化

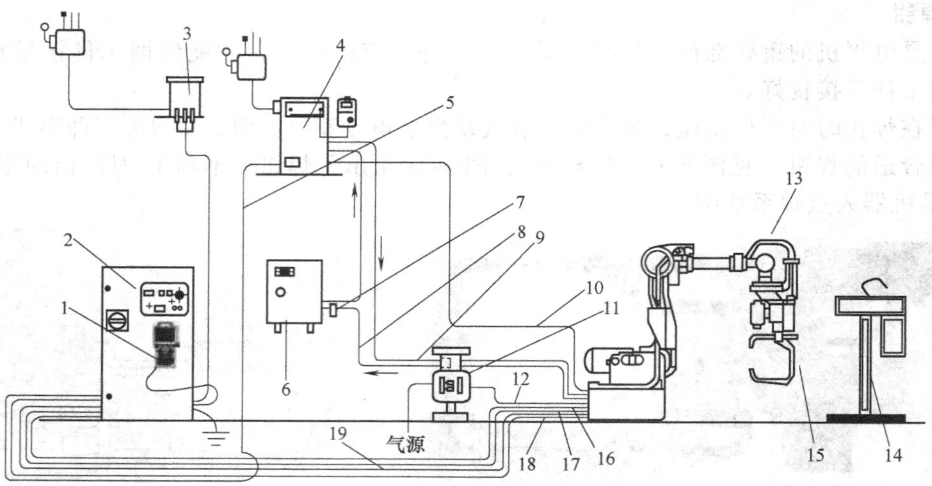

图 8-22　机器人点焊系统图

1—机器人示教盒（PP）　2—机器人控制柜 YASNACNX100　3—机器人变压器　4—点焊控制箱　5—点焊指令电缆（I/F）
6—水冷机　7—冷却水流量开关　8—焊钳回水管　9—焊钳水冷管　10—焊钳供电电缆　11—气/水管路组合体
12—焊钳进气管　13—手首部集合电缆　14—电极修磨机　15—伺服/气动点焊钳　16—机器人控制电缆 1BC
17—机器人供电电缆 3BC　18—机器人供电电缆 2BC　19—焊钳（气动/伺服）控制电缆 S1

3. 点焊机器人焊接系统组成

点焊机器人焊接系统主要由机器人本体、机器人控制柜、电焊电源及控制柜、电焊焊钳、电极修磨机等组成。

8.2.4　机器人激光焊接系统

1. 激光焊接技术

激光焊接是激光材料加工技术应用的重要方面之一，焊接过程属热传导型，即激光辐射加热工件表面，表面热量通过热传导向内部扩散，通过控制激光脉冲的宽度、能量、峰功率和重复频率等参数，使工件熔化，形成特定的熔池。由于其独特的优点，已成功应用于微、小型零件焊接中。

高功率 CO_2 及高功率 YAG 激光器的出现，开辟了激光焊接的新领域，获得了以小孔效应为理论基础的深熔接，在机械、汽车、金属加工方面得到广泛的应用。激光焊接最大板厚可达 32mm。

2. 激光器介绍

1）CO_2 激光器（见图 8-23）。它是一种气体激光器，CO_2 激光是一种分子激光。它可以表现多种能量状态，视其振动和旋转的形态而定。

CO_2 激光器中，主要的工作物质由 CO_2、氮气、氦气三种气体组成。其中 CO_2 是产生激光辐射的气体，氮气及氦气为辅助性气体。加入氦，可以加速 010 能级的热弛预过程，因此有利于激光能级 100 及 020 的抽空。加入氮气主要在 CO_2 激光器中起能量传递作用，为 CO_2 激光上能级粒子数的积累与大功率高效率的激光输出起到强有力

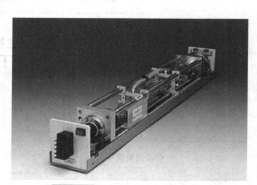

图 8-23　CO_2 激光器结构图

的作用。CO_2 激光器的激发条件：放电管中，通常输入几十毫安或几百毫安的直流电流。放电时，放电管中混合气体内的氮分子由于受到电子的撞击而被激发。这时受到激发的氮分子便和 CO_2 分子发生碰撞，N_2 分子把自己的能量传递给 CO_2 分子，CO_2 分子从低能级跃迁到高能级上形成粒子反转发出激光。

CO_2 激光器广泛用于工业加工、军事武器、医学手术等领域。

2）YAG 激光器。它是一种固体激光器，图 8-24 所示为 YAG 激光器的结构，YAG 为其英文简化名称，来自 Neodymium-doped Yttrium Aluminium Garnet，分子式为 Nd：Y3Al5O12，中文称之为钇铝石榴石晶体，钇铝石榴石晶体为其激活物质，晶体内 Nd（铷）的原子质量分数为 0.6%～1.1%，属固体激光，可激发脉冲激光或连续式激光，发射的激光为红外线，波长为 1.064μm。

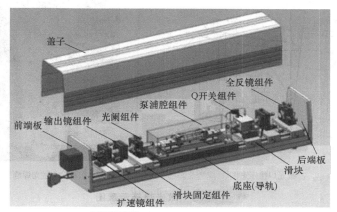

图 8-24　YAG 激光器的结构

由于 YAG 晶体具有光学均匀性好、力学性能好、物理化学稳定性高、热导性好等优点，目前仍是固体激光器的首选材料，因此广泛用于工业、医疗、科研、通信和军事等领域。如激光武器、激光测距、激光目标指示、激光探测、激光打标、激光加工（包括切割、打孔、焊接以及内雕等）、激光医疗。

3. 激光的传导

光纤激光器如图 8-25 所示，光纤传输是将高能激光束耦合进入光纤，远距离传输后，通过准直镜准直为平行光，再聚焦于工件上实施焊接的一种激光能量传导手段。对焊接难以接近的部位，施行柔性传输非接触焊接，具有更大的灵活性，为精密焊接提供了条件。

4. 激光的聚焦镜头

光纤激光器的镜头结构如图 8-26 所示，激光系统使用的镜头有焊接镜头、切割镜头、扫描焊接镜头、激光熔覆镜头，根据各自的应用目的，选择装配不同的聚焦镜头。

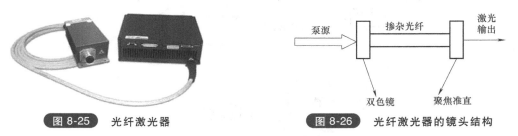

图 8-25　光纤激光器

图 8-26　光纤激光器的镜头结构

5. 激光焊接的优点

激光焊接如图 8-27 所示，与其他焊接技术比较，激光焊接的主要优点是：激光焊接速度快、深度大、变形小。能在室温或特殊的条件下进行焊接，焊接设备装置简单。例如，激光通过电磁场时，光束不会偏移；激光在空气及某种气体环境中均能施焊，并能通过玻璃或对光束透明的材料进行焊接。激光聚焦后，功率密度高，在高功率器件焊接时，深宽比可达5：1，最高可达10：1。可焊接难熔材料，如钛、石英等，并能对异性材料施焊，效果良好。如将铜和钽两种性质截然不同的材料焊接在一起，合格率几乎达100%。也可进行微型焊接。激光束经聚焦后可获得很小的光斑，且能精密定位，可应用于大批量自动化生产的微、小型元件的组焊。例如，集成电路引线、钟表游丝、显像管电子枪组装等由于采用了激光焊，不仅生产效率高，且热影响区小，焊点无污染，大大提高了焊接的质量。

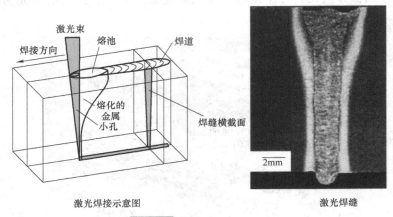

激光焊接示意图　　　　　　　　　　　激光焊缝

图 8-27　激光焊接示意图

6. 机器人激光焊接系统

图 8-28 所示为激光焊接系统，机器人激光焊接系统基本配置如下：六轴机器人、工作台（未画出）、光纤激光器（包括激光光源、光纤、冷水冷却系统）、送丝机（背负在机器人上）。

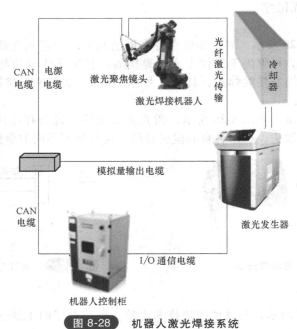

图 8-28　机器人激光焊接系统

7. 激光焊接机器人

激光焊接机器人如图 8-29 和图 8-30 所示，机器人的负重能力是 30kg，可以带动镜头在 2000mm×1000mm×700mm 的范围内移动。对于视觉扫描焊接，由于部件重量增加，需选用负重 100kg 的机器人本体。

图 8-29　ABB 激光焊接机器人

图 8-30　库卡激光焊接机器人

8. 激光焊接头（激光焊枪）

激光焊接头是激光焊接的关键部件，可以是不加丝激光焊接和加丝焊接，可以是视觉定位焊接，也可以按固定路径焊接。

图 8-31 所示为有视觉功能的激光焊接头，图 8-32、图 8-33 所示为激光焊枪。

图 8-32　激光焊枪 1

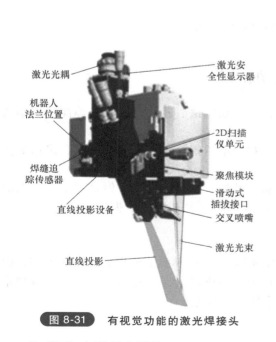

激光光耦

机器人法兰位置

焊缝追踪传感器

直线投影设备

直线投影

激光安全性显示器

2D扫描仪单元

聚焦模块

滑动式插拔接口

交叉喷嘴

激光光束

图 8-31　有视觉功能的激光焊接头

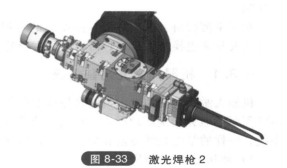

图 8-33　激光焊枪 2

9. 激光-电弧复合焊接

激光-电弧复合焊接工艺是由不同形式的激光热源（如 CO_2、YAG 激光等）和不同类型的电弧热源（如 TIG、MIG/MAG、PAW 等）通过旁轴或同轴方式相结合，共同作用于工件同一位置实现金属材料连接的焊接过程。通过集成物理性质、能量特性截然不同的两种热源，激光-电弧复合焊接同时具备激光和电弧焊接的优点，具有1+1>2的效果。具体优势如下：同电弧和激光相比，焊接熔深更大，焊接速度更快，接头性能更好。

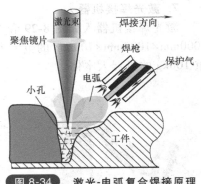

图8-34所示为激光-电弧复合焊接原理，图8-35所示为激光-电弧复合焊接对比。

同单一激光焊接相比，接头间隙桥接能力、高反射率金属焊接能力和缺陷抑制能力更强。同传统电弧焊接相比，焊接变形更小。

在机器人上复合激光焊接头、MIG/MAG焊枪技术时，机器人的控制必须兼顾激光与MIG/MAG控制技术。机器人的负重可增加到80~100kg。

图 8-34 激光-电弧复合焊接原理

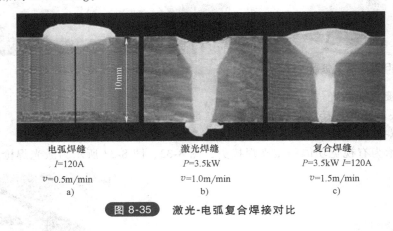

电弧焊缝	激光焊缝	复合焊缝
I=120A	P=3.5kW	P=3.5kW I=120A
v=0.5m/min	v=1.0m/min	v=1.5m/min
a)	b)	c)

图 8-35 激光-电弧复合焊接对比

8.3 机器人切割系统

对于金属材料和非金属材料的切割加工，通常有水切割法、乙炔切割法、等离子切割法和激光切割法。

对于普通碳钢材料，通常采用乙炔氧气切割，对于不锈钢等高熔点金属材料，采用等离子切割。

对于平面板材，已有数控平面切割的专用设备，既快，精确度又高。但是对于非平面的工件以及频繁更换加工尺寸且需要柔性生产的场合，就需要采用机器人承担加工任务了。

8.3.1 机器人激光切割系统

机器人激光切割的设备与激光焊接的设备可以通用，图8-36所示为机器人激光切割，图8-37所示为激光切割原理图。使用与激光焊接一样的六轴机器人，一样的激光发生器冷却水系统，一样的激光光纤传输和耦合技术，除此之外有如下不同点：

1）使用专用的光纤激光切割头。

2）不需要送丝机。

3）如果使用视觉系统，只能用于工件定位，不能用于加工轨迹定位，所以一般不使用视觉系统。

4）需要提供0.8~1MPa的压缩空气，及时将熔融的金属液态物质吹走。

5）激光切割碳钢板厚36mm、不锈钢板厚25mm时，需要的激光器功率在6000W以上。

图 8-36　机器人激光切割

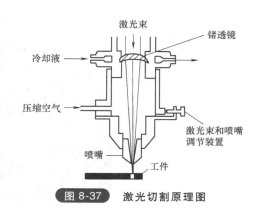

图 8-37　激光切割原理图

1. 激光切割聚焦镜头（见图 8-38）

图 8-38　激光切割聚焦镜头

2. 压缩空气站和空气压缩机（见图 8-39、图 8-40）

图 8-39　压缩空气站（集中供气）

图 8-40　空气压缩机（单独供气）

3. 机器人激光切割案例

图 8-41 所示为机器人激光切割不锈钢罐体封头的设计图。

1）封头材料：304。

2）封头材料厚度：2mm。

3）封头形状：标准蝶形封头。

4）封头最大直径：4000mm。

5）封头开孔位置及大小：按图加工。

从设计图可以看出，由于工件过大，只靠机器人的手臂不能够完成远处孔的加工。将承

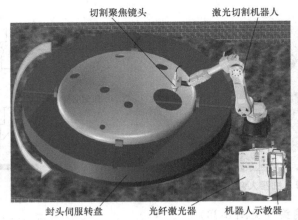

图 8-41　机器人激光切割不锈钢罐体封头的设计图

载封头的转盘旋转不同角度，通过伺服减速器准确定位，则可完成其他所有孔的加工。

此案例的设备清单见表 8-1。

表 8-1　设备清单

序号	选用设备名称	规格型号	功能要求	备注
1	机器人本体	ADC 120iB/10L	适用于焊接作业	日本发那科
2	机器人底座		能实现封头半径范围	自制
3	IPG 光纤激光器	AC460V	具有机器人接口	大族激光
4	封头伺服转台	直径 4200mm	伺服控制精度(1/60)°	自制
5	空压机	KBL-10	1MPa、0.75m³/min	国产
6	机器人工作站	r-j3ib	具有激光器接口	日本发那科

8.3.2　机器人等离子切割系统

机器人等离子切割系统与机器人激光切割系统比较，除切割方法不同外，机器人本体部分、工件转台伺服系统是相同的。

与激光切割机器人一样，对于非平面的金属材料的切割，或者需要柔性自动化生产的场合，选用六轴机器人组成机器人等离子切割系统（见图 8-42）。

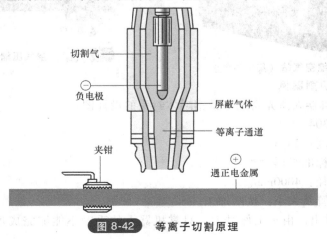

图 8-42　等离子切割原理

1. 等离子切割机器人系统（见图 8-43）

图 8-43　等离子切割机器人

2. 等离子切割电源（见图 8-44）
3. 等离子切割枪（见图 8-45）

图 8-44　机器人用等离子切割电源　　　图 8-45　机器人等离子切割枪

4. 机器人等离子切割系统的组成

1）具有等离子切割接口的六轴机器人，负重 10~20kg 即可。
2）等离子切割专用电源。
3）机器人用等离子切割枪。
4）压缩空气系统（公用或独立）。
5）有定位功能的切割平台或转台。

8.4　机器人喷涂系统

8.4.1　机器人喷涂系统组成及优点

1. 系统组成

图 8-46 所示为一个机器人喷涂系统。
（1）喷房　墙壁一侧常设计成冲洗水帘或干式过滤器。
（2）工件检测　工件检测位置装有限位开关。

（3）输送链跟踪编码器　装有跟踪编码器，可安装在输送链驱动上。

（4）工艺控制面板　包括气动和电动工艺控制元件（雾化空气和扇幅控制），可隐藏安装于面板内。

（5）换色阀模组　通过工艺控制面板给出气动控制信号，部分小型系统直接用压力罐输送涂料。

（6）手动输入站　用于工件识别，识别类型的数量依赖于系统的设计。

（7）喷涂机器人　RJ3iB 机器人系统控制器，喷涂机器人的选型依赖于工件大小。

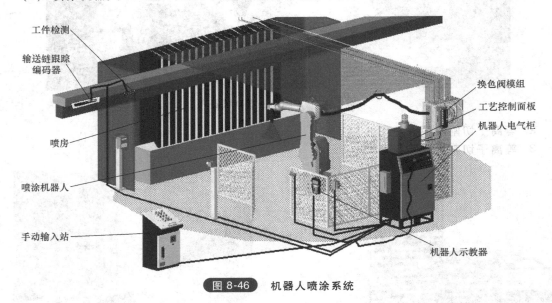

图 8-46　机器人喷涂系统

2. 机器人喷涂的优点

1）膜厚均匀一致，涂装质量稳定，在最低限的膜厚要求下可以节约涂料的使用量，通过高重复精度稳定品质，用机器人进行作业，降低了尘埃、灰尘的产生。

2）节约涂料。喷枪/旋杯开关时间控制（机器人：±4ms，手喷枪：±760ms）精确，对于喷涂位置精确一致的动作再现（±0.5mm），通过手腕的高速动作减少向拐角、复杂形状部分的过喷。

3）节省人员。不需要熟练的喷涂工作人员，减少管理机会成本。

4）提高产量。喷涂速度的提高可有效提高生产节拍，加速生产。

5）降低运行成本。喷涂废弃物的减少，大大降低喷房使用成本；稳定的质量，大大减少了返工件和废件。

8.4.2　喷涂机器人本体（见图 8-47、图 8-48）

1. 喷涂机器人与普通机器人的区别

1）采用中空手腕设计，所有涂料管及气管内藏于手臂中，可以有效地防止管线晃动而影响机器人动作，防止管线上的垃圾因为机器人运动而掉落从而污染工件。

2）喷涂机器人对机器人的定位精度要求不高，普通机器人对精度有一定的要求。

3）喷涂机器人都在专用的喷房内工作，防止污染环境。

4）防爆设计。不在机器人本体内放置电池，密封性好，防止因静电引起的易燃气雾的爆炸。

5）自带净化装置。每次通电后，机器人会自动通过自带气路，净化机器人本体内部，防止因为机器人内部电气故障引起爆炸。

图 8-47　发那科喷涂机器人

图 8-48　ABB 喷涂机器人

所以一般不能用普通机器人代替喷涂机器人进行喷涂作业。

2. 喷涂机器人的安装方式

喷涂机器人的安装方式有立装方式（见图 8-49）、壁装方式（见图 8-50）和倒装方式（见图 8-51）。

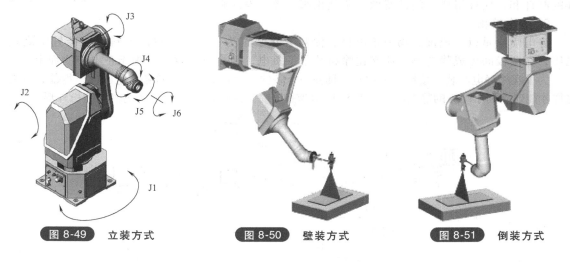

图 8-49　立装方式　　　　图 8-50　壁装方式　　　　图 8-51　倒装方式

8.4.3　喷具

喷具是机器人喷涂最为关键的部件，下面介绍三种喷具以供学习。

前两种喷具即空气喷枪与静电喷枪的油漆利用率不到 60%，而旋杯喷枪的油漆利用率可高达 80%，但旋杯喷枪的价格昂贵。

1. 空气喷枪

空气喷枪由喷头、调节机构和枪体三部分组成（见图 8-52）。

喷头由涂料喷嘴、空气帽和针阀等组成，是决定涂料雾化及喷雾图形的关键部件。

（1）涂料喷嘴　一般由合金制造，喷嘴的口径从 0.5~5mm 有多种规格。

（2）空气帽　主要作用是将涂料雾化，并形成所要求的喷雾图形及效果。工作时压缩空气从空气帽中心喷出，在涂料喷嘴喷口外侧和中心孔中孔内环之间形成一个气柱，并在涂料喷嘴的前端形成负压区，负压使涂料吸出并喷成圆的喷雾图形，这一过程称为"一级雾化"。

空气帽有少孔型和多孔型两种。少孔型有一个中心孔，两边各有一个辅助孔，空气用量少，但雾化能力差，涂装效率低，而且形成的喷雾图形只能是圆形，所以用得较少。多孔型

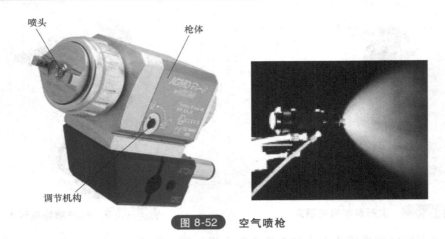

图 8-52 空气喷枪

有多个侧孔，喷出的空气量和压力较均衡，所以形成的涂料喷雾较细，分布均匀，喷涂幅度较宽，空气用量大，雾化能力强，涂装效率高。

（3）针阀 最主要的功能是阻断涂料的通路，也可对涂料流量进行控制。针阀由喷嘴内部的阀针和针阀杆组成，阀针就像一个截止阀，控制着涂料的通断。

2. 静电喷枪

静电喷涂是以接地被涂物为正电极，涂料雾化装置为负电极，并使涂料雾化装置带高负电压，在两极间形成静电场，使雾化涂料粒子带负电，使涂料有效地吸附于正电极物面上。

为了实施静电涂装，接地被涂物必须具备一个条件，就是被涂物需具备一定的导电性能，只有这样才能建立利于喷涂的静电场。图 8-53 所示为静电喷涂回路，图 8-54 所示为静电喷枪外形。

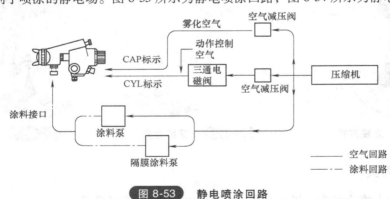

图 8-53 静电喷涂回路

一般来说，电场的电压为 $60 \sim 100\text{kV}$，正负极之间的电流 $< 100\mu\text{A}$。

3. 旋杯喷枪

（1）工作原理 图 8-55 所示为旋杯喷枪的原理图，电动机转轴上安装一个带有齿纹杯口的旋杯；接通压缩空气驱动气动马达高速旋转，接上负极输出高压静电，涂料由定量齿轮泵浦输入旋杯后端，然后高速旋转雾化从旋杯口甩出。涂料高速雾化后漆雾上带有负极电压，迅速吸附到工件上完成作业（工件接地为正极）。静电旋杯转速的快慢是通过调节气压输入高低来控制的，漆雾喷幅大小通过成形气来精确控制。

图 8-54 静电喷枪外形

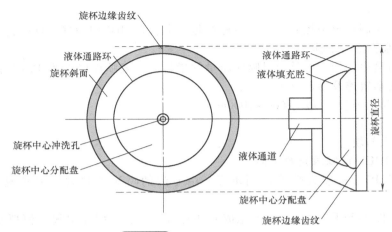

图 8-55 旋杯喷枪的原理图

旋杯喷枪的油漆利用率在80%左右，但价格昂贵。图 8-56 所示为旋杯喷枪外形，图 8-57 所示为机器人旋杯喷涂作业。

（2）某种旋杯喷枪的参数

1）旋杯最大转速：60000r/min。

2）旋杯工作气压：0.2~0.4MPa。

3）静电输出：60~70kV。

4）成形气压：0.2~0.3MPa。

5）涂料输出：600cm³/min。

6）耗气量：0.9m³/min。

7）喷涂距离：250~400mm。

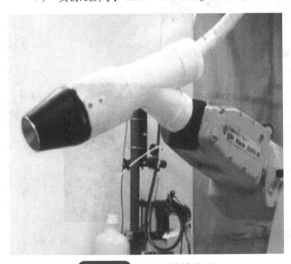

图 8-56 旋杯喷枪外形

图 8-57 机器人旋杯喷涂作业

8.4.4 机器人喷涂定量配比控制

1. 衡量喷枪喷涂性能的三个指标

1）喷出流量：0~900mL/min。

2）雾化粒度：μm 级。

3）扇形面锥度。

而在机器人控制系统中控制这三个指标的是一个名为 MODEL 的控制单元。

2. 衡量喷涂质量的指标

喷涂厚度与喷涂的均匀度是衡量喷涂质量的指标。一般喷涂厚度为 $10\sim12\mu m$，而喷涂质量又与喷枪的运动轨迹及参数有关：

1）喷枪的移动速度 一般为 $600\sim1000mm/s$。

2）扇面喷幅宽度。

3）重复次数与轨迹。

3. 组成 MODEL 控制单元的元件

MODEL 专门用于机器人喷涂控制单元，由专门的喷涂控制软件来实现。下面是关于 MODEL 的组成。

如图 8-58、图 8-59 所示，MODEL 组成元件有压力表、比例控制阀（模拟）、电磁阀、压力传感器和单导阀等。

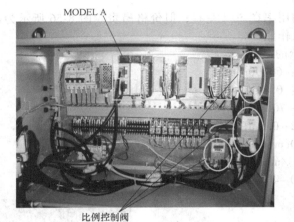

图 8-58　MODEL 喷涂控制单元的组成

图 8-59　喷涂控制元件

4. 机器人喷涂（控制）软件

机器人喷涂由专用的喷涂软件控制，各品牌机器人都有各自的专业喷涂软件。

8.5　机器人搬运系统

物料在移动过程中不做翻转运动，只做平行于地面的上升、下降及平移和平面转动，称为平行移动。平行移动多由平行机构机器人实现，如四轴码垛机器人、直线机器人等。

六轴机器人组成的搬运系统，可实现空间任意位置与姿态的搬运。

机器人出现之前，产品的搬运与码垛是人们必须从事的繁重而重复的劳动之一，因此机器人出现之后，机器人码垛就成为最先考虑代替人工劳动的应用之一。

8.5.1　各种包装形式的码垛

1. 袋装产品的码垛

图8-60所示为袋装产品的码垛，如水泥袋装产品、粮食袋装产品、化工袋装产品等的码垛，用于入库储存、运输等。

图 8-60　袋装产品的码垛

2. 纸箱的码垛

图8-61所示为纸箱包装产品的机器人码垛。

图 8-61　纸箱的码垛

3. 膜包产品的码垛

将瓶装及罐装产品按12~24瓶/包，用收缩膜包装，然后进行码垛（见图8-62）。

图 8-62　膜包产品的码垛

4. 周转箱的码垛

图 8-63 所示为将瓶装或罐装产品按 12~24 瓶放入可回收的周转箱，然后进行码垛。

图 8-63　周转箱的码垛

5. 其他产品的码垛

图 8-64 所示为其他适合于码垛产品的码垛照片。

图 8-64　其他产品的码垛

8.5.2　码垛机器人

适用于码垛的机器人如图 8-65~图 8-70 所示。

图 8-65　发那科码垛机器人　　　　　图 8-66　不二码垛机器人

图 8-67 直线码垛机器人

图 8-68 六轴码垛机器人（ABB）

图 8-69 龙门式直线码垛机器人

图 8-70 圆柱坐标码垛机器人

能够承担码垛的机器人有一个共同的特点，即在搬运过程中物体始终平行于地面，且能承担很大的负重。以上列举的机器人都满足这个条件。机器人负重为 60~450kg。

8.5.3 实例介绍：某大型奶企的纸箱码垛生产线

图 8-71 所示为某大型奶企的纸箱码垛生产线的平面布置局部图，从此图可看出机器人纸

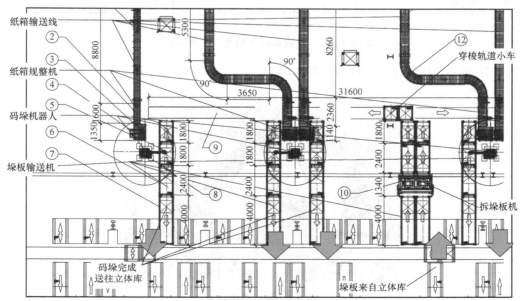

图 8-71 某大型奶企自动化生产车间纸箱码垛平面布置局部图

箱码垛的系统组成。图 8-72 所示为码垛生产线的设计效果图。

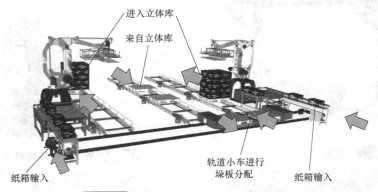

图 8-72　纸箱码垛生产线的设计效果图

　　码垛的垛板来自立体库自动供给；经过拆垛板机分拆后由穿梭小车分配给每条生产线供码垛机器人码垛。码垛完成后整垛自动进入立体库进行储存。整个生产过程实现了自动无人化生产。

　　纸箱排布方案：码垛时两层之间必须进行压垛，即每层包的接缝被上一层的包压住，这样才能保证垛不易倒塌。图 8-73 所示为纸箱码垛层间交叉排布的方案。

标准箱(250mL标准×24包)规格：
　　外形尺寸：335mm×205mm×130mm
　　平均质量：7kg/箱
　　托盘码垛层数：10层
　　每层码垛件数：13件
　　单位托盘规格：
　1200mm×1000mm×1480mm
　　单位托盘承载：1100kg
　　生产能力：24000包/h

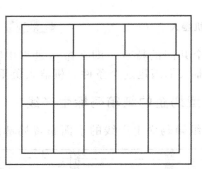
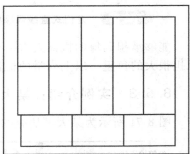

图 8-73　纸箱码垛层间交叉排布的方案

图 8-74 所示为该码垛生产线的现场实况。

图 8-74　现场实况

8.6　机器人装箱系统

8.6.1　各种产品的机器人装箱

图 8-75～图 8-80 所示为各种产品的机器人装箱。

图 8-75　瓶装产品的装箱

图 8-76　纯净水的装箱

图 8-77　利乐包的装箱

图 8-78　周转箱装箱

图 8-79　盒装产品的装箱

图 8-80　零散物品的装箱

8.6.2　适合于装箱作业的机器人

适合于装箱作业的机器人有小型平行机构机器人、小型六轴机器人和直线机器人。

对于装箱机器人没有特别的要求，只要活动范围满足要求，负重满足要求，就可用于装箱作业。一般装箱机器人的负重为 20~60kg。

图 8-81 所示为小型六轴装箱机器人，图 8-82 所示为 420 型四轴平行机构装箱机器人。

图 8-81　小型六轴装箱机器人（ABB）

图 8-82　420 型四轴平行机构装箱机器人（发那科）

8.6.3　实例介绍：某大型奶企的利乐包的装箱生产线

图 8-83 所示为某大型奶企的机器人利乐包的装箱生产线平面局部图。

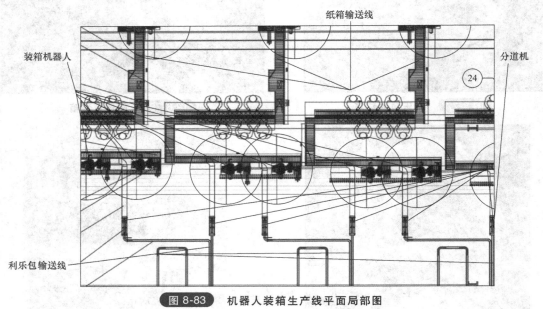

纸箱输送线

装箱机器人

分道机

24

利乐包输送线

图 8-83　机器人装箱生产线平面局部图

以某大型奶企的利乐包机器人装箱生产线为例，来阐述机器人装箱的系统组成。

装箱的纸箱自动供给，经过输送线自动定位到装箱工位。利乐包从自动利乐包装机出来，经过分道机分成若干道进入装箱系统，再经分道机分成装箱所需的三道或三道以上的集合规整，机器人专用手爪抓取规整好的若干包放入纸箱内。然后纸箱输送到下道工序放说明书、封箱、小箱装大箱、码垛、入库。

1. 机器人装箱生产线

图 8-84 所示为机器人码垛生产线现场。

图 8-84　机器人装箱生产线现场实况

2. 分道机

图 8-85 所示为一道变多道分道机，图 8-86 所示为分道机的工作原理，图 8-87 所示为分道机分道时情景。

分道机的作用是将一排串行输送的利乐包变成两排或者两排以上的并行输送，一台利乐包装机的生产速度可达 20000 包/h 以上，而机器人装箱的速度一般只在 6000~8000 包/h。所以要将一条输送线的产品变为 2~3 条输送线输送，供机器人装箱使用。

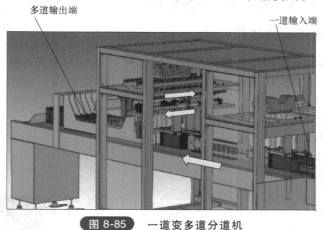

图 8-85　一道变多道分道机

图 8-86　分道机的工作原理

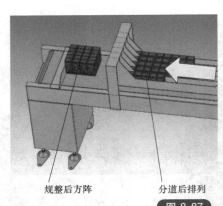

正在分道

规整后方阵　　　分道后排列

图 8-87　分道机分道时情景

　　分道机的另一个作用是，将一条输送机串行输入利乐包变为三条或三条以上输送线输送，将利乐包并行整齐排列成方块阵列，便于装箱手爪抓取。

8.7　电路板插件机器人（自动插件机）

　　自动插件机是电路板生产的关键设备，电子元件的夹持机构（即手爪）多为气动机构，整机的 3D 定位为直角系伺服驱动机构，所以又称为电路板插件机器人。

　　插件机器人的节拍可达 0.7s/次，既快又准确。一般多台串联使用，一台仅完成一个或几个电子元件的插件，然后转入下一台插件机器人。

8.7.1　插件机器人的使用

　　图 8-88 所示为电路板生产线的插件机阵，图 8-89 所示为异形元件插件机器人，图 8-90 所示为通用插件机器人，图 8-91 所示为插件机器人的元件供给机构。

　　使用插件机器人具有以下优点：

1）提高安装密度。

2）提高抗振能力。

3）提高节拍频特性。

4）提高劳动效率。

图 8-88　电路板生产线的插件机阵

图 8-89　异形元件插件机器人

图 8-90 通用插件机器人

图 8-91 插件机器人的元件供给机构

5）降低生产成本。

8.7.2 插件机器人的组成

1）控制系统。一般由单片机或 PLC 控制，检测元件为光敏元件、霍尔元件等。

2）气动系统。接收控制系统指令，执行多为小型气缸、气动夹具等。

3）定位系统。伺服或步进驱动机构。

4）视觉定位系统。有些高端插件机器人，采用了 DDC 照相视觉定位系统。

5）插件头（手爪）组件。

6）打弯剪切砧座。

7）电路板自动输入、输出机构。

8）编程示教器。

9）元件检测器。

8.8 机器人冲床进料与出料装置

冲床机器人也是应用最广泛的一种应用型工业机器人，大多数使用直线机器人进行冲压进给料的作业，有单台使用和多台联动两种。

8.8.1 冲床机器人应用举例

1. 小型冲床的进给料

图 8-92 所示为三轴冲床机器人和圆柱坐标冲床机器人，图 8-93 所示为六轴关节冲压机器人联动，图 8-94 所示为直线冲床机器人联动。

a)　　　　　　　　　　　　　　　b)

图 8-92 三轴冲床机器人和圆柱坐标冲床机器人进给料

a）三轴冲床机器人　b）圆柱坐标冲床机器人

图 8-93　六轴关节冲床机器人联动

图 8-94　直线冲床机器人联动

2. 大型冲（折）床的进给料

图 8-95～图 8-97 所示为大型冲（折）床的机器人进给料。

图 8-95　多台折弯机机器人联动

图 8-96　两台机器人联动折弯

图 8-97　六轴机器人的折弯机作业现场

8.8.2　适用于冲（折）床的机器人

1）小型、中型、重型六轴工业机器人。

2）三轴、两轴直线冲床机器人（见图 8-98、图 8-99）。

图 8-98　三轴冲床机器人

图 8-99　两轴冲床机器人

3）圆柱坐标冲床机器人（见图8-100）。

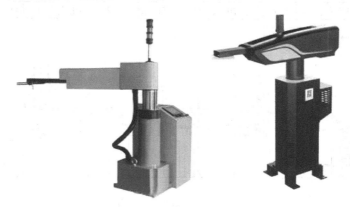

图 8-100　圆柱坐标冲床机器人

4）天轨多执行机构进给料机器人（见图8-101）。

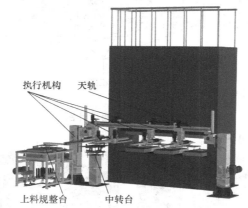

图 8-101　大型油压机天轨多执行机构多工位协同进给料机器人

8.8.3　实例介绍：冲压进给料机器人系统和冲床机器人系统

1. 案例一：某大型家用电器企业电饭煲内胆冲压进给料机器人系统

图8-102所示为电饭煲内胆冲压进给料机器人系统设计图，图8-103所示为平面设计图。切割好的圆形板料在进入油压机之前，在板料的两面抹上机油，这样便于顺利脱模。工艺流

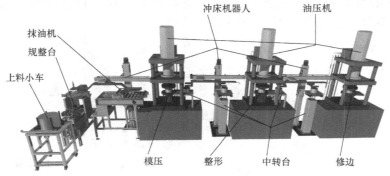

图 8-102　电饭煲内胆冲压进给料机器人系统设计图

程如下：

圆形板料 → 取料 → 放入抹油机入口 → 抹油 → 抹油机出口取料 → 放入油压机 →

模压成形 → 脱模 → 半成品出料

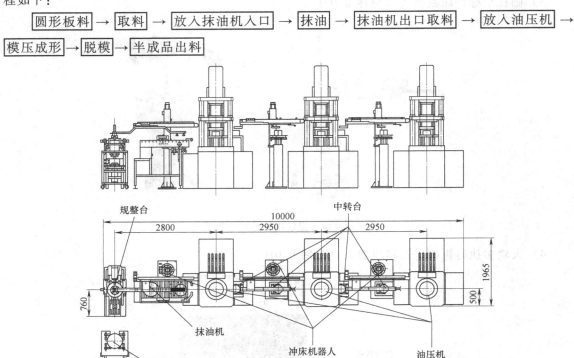

图 8-103　平面设计图

现场使用实况如图 8-104 所示。

图 8-104　电饭煲内胆冲压进给料机器人系统

2. 案例二：适用于单机作业或多机联动作业的冲床机器人系统

图 8-105 所示为多台冲床机器人协同作业系统效果图，包括进料部分和出料部分，图 8-106 所示为多台冲床机器人协同作业平面设计图。

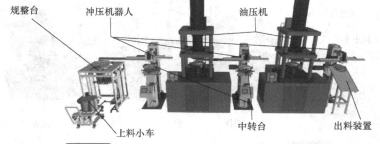

图 8-105　多台冲床机器人协同作业系统效果图

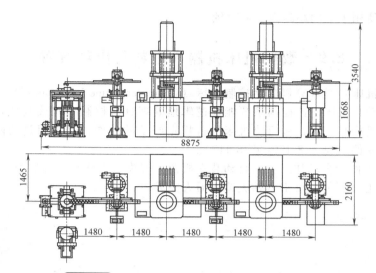

图 8-106　多台冲床机器人协同作业平面设计图

实际应用场合如图 8-107 所示。

图 8-107　多台冲床机器人协同作业实际应用

两轴冲床机器人主机如图 8-108 所示。冲床机器人由两轴驱动。横向轴由伺服电动机驱动，实现上料台与冲床之间的精确定位，或冲床与中转台之间的精确定位。垂直方向的运动由普通电动机减速器驱动，实现上料台、冲床、中转台之间的取料与卸料。为了防止因自重

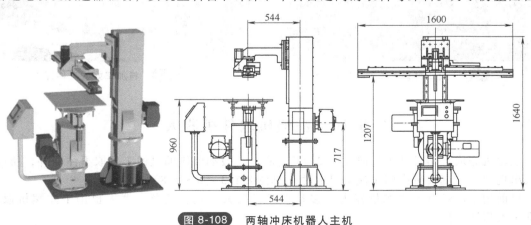

图 8-108　两轴冲床机器人主机

引起自行滑落,使用了双向超越离合器自锁。

8.9　数控机床机器人进料与出料装置

CNC(数控机床)是计算机数字控制机床(Computer Numerical Control)的简称,是一种由程序控制的自动化机床。该控制系统能够逻辑地处理具有控制编码或其他符号指令规定的程序,通过计算机将其译码,从而使机床执行规定好了的动作,通过刀具切削将毛坯料加工成半成品或成品零件(见图8-109~图8-112)。

CNC解决了工件的自动加工,而自动装夹机器人解决了工件及刀具的上、下料问题。

CNC工件的上、下料也可由六轴关节机器人完成。

图8-109　CNC机床与CNC直线机器人

图8-110　CNC机器人取件

图8-111　将工件装入CNC机床卡盘

图8-112　将加工好的工件卸下

8.10　注塑机取件机器人

注塑机完成注塑后其工件温度达200℃左右,一般都要借助机械工具取下注塑件,所以机器人出现之后,就大量应用于注塑机取件(见图8-113~图8-118)。

目前用于注塑机取件的机器人大多是直线机器人。六轴关节机器人也用于注塑机取件,特别是大型注塑件。

发那科C2000型机器人

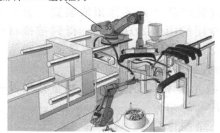

图 8-113　汽车配件注塑取件机器人

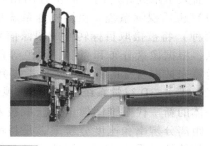

图 8-114　通用型注塑取件直线机器人外形

图 8-115　六轴关节注塑取件机器人

取件机器人

注塑机

图 8-116　装置上部的注塑取件机器人

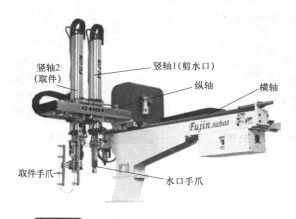

竖轴2（取件）　竖轴1(剪水口)
纵轴　横轴
取件手爪　水口手爪

图 8-117　通用型注塑取件直线机器人结构

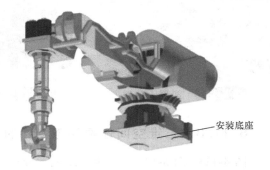

安装底座

图 8-118　高位卧装 2000 型注塑取件机器人（发那科）

8.11　机器人分拣系统

机器人分拣就是将无规律的物料分拣成有规律的排布，或将多种物料中分选出特定的物料分放入指定的位置。

无规律的状态分为两种情况，一种为平面分布状态，另一种是在容器内无规律的堆积。

如果是第一种状态，则需借助机械视觉系统进行平面位置及姿态的识别，然后控制机器人驱使机器人手爪到相应的位置，并使用相应的姿态进行抓取，再移送到指定的位置。

如果是第二种状态，则需借助 3D 视觉系统，进行空间位置及姿态识别，然后控制机器人驱使机器人手爪到相应的空间位置用相应的姿态进行抓取，再移送到指定的位置。

（1）机器视觉系统 机器视觉系统是通过机器视觉产品（即图像摄取装置，分 CMOS 和 CCD 两种）将被摄取目标转换成图像信号，传送给专用的图像处理系统，得到被摄目标的形态信息，根据像素分布和亮度、颜色等信息，转变成数字化信号；图像系统对这些信号进行各种运算来抽取目标的特征，进而根据判别的结果来控制现场的设备动作。

（2）激光 3D 视觉系统 激光 3D 视觉系统是集激光技术、成像技术、测量技术及控制技术于一体的新一代三维图像信息获取技术，具有非常高的角分辨率、距离分辨率和速度分辨率，是目前复杂环境三维图像感知最有效的技术手段之一。因此，其在智能机器人、无人驾驶和军事领域得到广泛应用。

图 8-119　并联蜘蛛机器人的分拣（发那科）

8.11.1　蜘蛛机器人分拣

图 8-119 所示为并联蜘蛛机器人，分拣特点是定位准确，分拣速度快，节拍可达 0.7s/次。

8.11.2　二维平面小型六轴机器人分拣

图 8-120~图 8-122 所示为二维视觉分拣，使用的机器人为小型六轴机器人。

图 8-120　机器人分拣

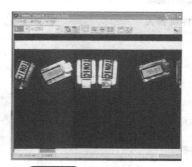

图 8-121　机器视觉处理

图 8-122　分拣现场

8.11.3　三维空间任意姿态物料的分拣

图 8-123~图 8-126 所示为三维视觉分拣。

图 8-123　机器人抓取随意堆放的工件

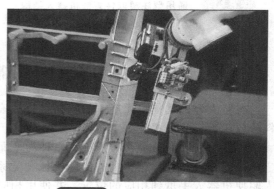

图 8-124　正在进行激光扫描

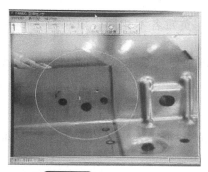

图 8-125　计算机处理

图 8-126　识别后搬运现场

8.11.4　分拣机器人

适合作为分拣的机器人有图 8-127 所示的发那科小型机器人，图 8-128 所示的 ABB 小型机器人，图 8-129 所示的四轴平行机构小型机器人，以及图 8-130 所示的并联机构蜘蛛机器人。

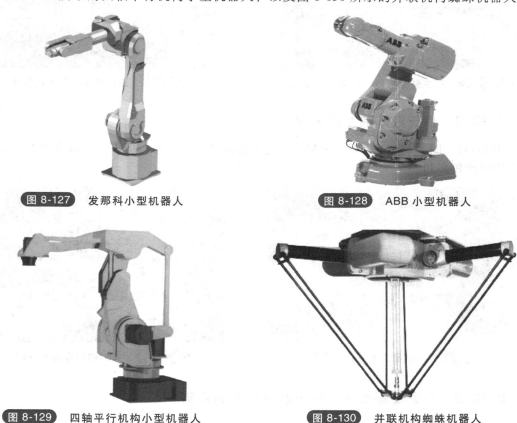

图 8-127　发那科小型机器人

图 8-128　ABB 小型机器人

图 8-129　四轴平行机构小型机器人

图 8-130　并联机构蜘蛛机器人

8.12　机器人产品装配

工业机器人用于产品的装配，将在工业自动化领域中发挥巨大的作用。现在，在工业生产中已用于工业机器人自身的装配生产、电子产品（如手机）的装配生产、汽车装配生产、空调的装配生产等，不胜枚举。

用于装配生产的工业机器人，视装配对象的不同，负重各不相同，如六轴关节机器人、直线机器人、并联蜘蛛机器人等，选用型号不一。

在实际装配生产线上的工业机器人，大多有视觉识别导航系统参与工作，提高了装配的准确性和装配精度。

8.12.1 用于机器人本身的生产装配

图 8-131、图 8-132 所示为在日本发那科新泻工厂的一个无人化的机器人生产车间，900 余台机器人开创了机器人生产机器人的先例。

图 8-131 正在装配机器人用的伺服电动机

图 8-132 正在装配机器人的机座

8.12.2 用于汽车的生产装配

图 8-133、图 8-134 所示为汽车制造厂的机器人装配，机器人用于汽车的装配生产比较早，也应用得比较多和成熟。

图 8-133 机器人装配汽车车轮

图 8-134 热闹的汽车装配车间

8.12.3 并联蜘蛛机器人用于装配生产的案例

1. 键盘的组装（见图 8-135）

1）具有六自由度机构，可以对应工件的倾斜和设置偏差。

2）其智能化功能可以减少周边设备，实现低成本生产和柔性生产。

2. 电路板的插件和焊接

并联蜘蛛机器人多用于电路板异形件的插件和焊接，是插件机器人的补充（见图 8-136、图 8-137），主要可实现。

图 8-135　用于键盘的装配

1）由小型高速装配机器人 M-1iA 将不规则形状电子零件装到印制电路板上。
2）实现了用普通插件机器人很难完成的不规则形状零件装配作业的自动化。
3）因为具有六自由度机构，能够根据插口的方向改变手持零件的方向进行装配。
4）能够应用于零件装配之后的焊锡和拧螺钉的作业。

图 8-136　往印制电路板装配零件

图 8-137　机器人焊锡

3. 拧螺钉装配

螺钉连接是工业产品装配的重要环节，各部位的连接螺钉型号不一，人工装配容易出错，机器人拧螺钉既快又准确（见图 8-138）。

图 8-138　机器人拧螺钉

4. 电子产品的装配

图 8-139 所示为生产电子表的机器人装配生产线。

电子产品种类繁多，批量大，更新换代快，利用机器人便于柔性生产的特点进行装配生产，是电子产品的生产方向。

只需改变机器人的动作程序，就能适应于不同的产品。由于无需对生产线做大的变更，即可快速地适应产品的变化，节省了时间和生产投入成本。

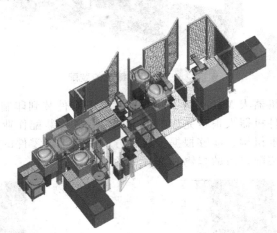

图 8-139　电子产品装配实例——电子表自动组装

8.13　机器人打磨系统

机器人打磨有两种基本方式，一种是机器人手持工件，另一种是机器人手持打磨工具。

8.13.1　机器人手持工件打磨

图 8-140 所示为机器人手持工件进行打磨，其优点如下：

1）工件的装夹由手爪完成，较易实现自动动作。

2）各种磨削工具可装在机器人周围，易于实现多种磨削。

3）易于实现经常更换工件的柔性生产。

缺点：若更换工件则需更换手爪，工件类型越多，需要的手爪越多。

图 8-140　机器人手持工件打磨现场（川崎机器人）

8.13.2　机器人手持工具对工件打磨

图 8-141、图 8-142 所示为机器人手持工具进行打磨，其优点如下：

1）工件的装夹在生产线完成，对于大型工件打磨，不影响机器人的负重。

2）对于复杂的工件易于实现弯道处的打磨。

3）对于需翻面打磨的场合易于实现。

缺点：不能使用太多的、大型的打磨工具，更换每一种打磨工具需由人工或通过快换头才能实现。

图 8-141　手持砂带磨具的机器人

图 8-142　手持砂轮的机器人（发那科）

习　题

1. 请描述 MAG、MIG、TIG 机器人焊接的工作原理，它们之间的区别及各自的适用场合。

2. 机器人焊接在何种焊接方式和场合下需要用到送丝机？

3. 何种机器人焊接方式的送丝机需要对所送的丝进行预热？

4. 点焊机器人焊枪有几种形式？

5. 激光焊接机器人有几种激光发生器用于激光焊接？

6. 在何种情况下机器人激光焊接需要使用送丝机进行填丝激光焊接？何种情况下不需要使用送丝机进行填丝激光焊接？

7. 什么是激光-电弧复合焊接？相比单个功能的焊接有何优点？

8. 列出金属切割的各种方法，包括从参考书和网络搜索得到本书没有介绍的部分。列出其中你认为可用于机器人切割的方法。

9. 喷涂机器人有哪些特殊要求及不同之处？

10. 喷涂机器人所使用的喷枪有几种？分别列出它们的优缺点。

11. 为什么目前机器人喷涂最好的喷枪是旋杯喷枪？怎样衡量喷枪的喷涂质量？

12. 适合用于码垛的工业机器人有哪些？请列出清单。

13. 设计一个机器人码垛方案，有如下已知条件：

① 使用机器人台数：1 台。

② 垛板平面尺寸：1000mm×1200mm。

③ 码垛层数：6 层。

④ 纸箱尺寸：180mm×240mm×230mm。

⑤ 纸箱质量：10kg/箱。

⑥ 机器人手爪质量：65kg。

⑦ 码垛节拍：25s。

1）选择合适的码垛机器人及型号（ABB、发那科、库卡、国产型号等均可）。

2）设计每层的码垛排布方案。

3）设计机器人码垛生产线平面布置图。

14. 瓶装饮料产品装箱机器人系统应由哪些主要设备组成？物料规整的方法有哪些？（包括你的新设想）

15. 请列出适合于冲床、折弯机作业的工业机器人类型（除本书外还可参考其他资料）。

16. 请列出冲床机器人系统的组成设备（可以包括本书尚未介绍的部分）。

17. 请列出适用于注塑机取件的机器人类型（除本书外还可参考其他资料）。

18. 请简述串联机器人（如关节机器人）和并联机器人（如蜘蛛机器人）的定位特点及各自的优缺点。

19. 请列出适用于分拣的机器人类型（除本书外还可参考其他资料）。

20. 为什么机器人分拣系统需要用到机器视觉识别技术？有几种机器识别技术可用于机器人分拣？

21. 在机器人打磨系统中，机器人、打磨工具、被打磨工件有哪两种主要的组合方式？请列举各自的优缺点。

参 考 文 献

[1] 腾宏春. 工业机器人与机械手 [M]. 北京：电子工业出版社，2015.
[2] 兰虎. 工业机器人技术及应用 [M]. 北京：机械工业出版社，2017.
[3] 龚仲华，等. 工业机器人技术 [M]. 北京：人民邮电出版社，2017.
[4] 郭洪红. 工业机器人技术 [M]. 西安：西安电子科技大学出版社，2016.
[5] 董春利. 机器人应用技术 [M]. 北京：机械工业出版社，2015.
[6] 陈恳. 机器人技术与应用 [M]. 北京：清华大学出版社，2006.
[7] GRAIG J J. 机器人学导论 [M]. 负超，译. 北京：机械工业出版社，2017.
[8] 冯国苓. 物流设施与设备 [M]. 大连：大连理工大学出版社，2014.
[9] 韩九强. 机器视觉技术及应用 [M]. 北京：高等教育出版社，2015.

参考文献

[1] ...
[2] ...
[3] ...
[4] ...
[5] ...
[6] ...
[7] ...
[8] ...
[9] ...